名前の由来が楽しくわかる！

ポケット版

雑草さんぽ手帖

亀田龍吉

世界文化社

はじめに

「雑草」とはなんでしょうか。花壇の花は雑草とは言いませんし、高山植物やきれいな花を咲かせる山野草も雑草とは言いません。そう考えると、身近にあって、放っておいても生えてきて、役にも立ちそうにないから、いつも見ているにもかかわらず名前も知らない草たち、といったところでしょうか。でも、雑草と呼ばれる草たちにも花は咲くし名前もあります。

本誌は、片手におさまる文庫サイズの中に身近な草を134種収録し、名前とその由来、特徴などを簡単な表現で解説しました。由来にはふつう多くの説があって、ここで紹介できるのはスペースの関係もありそのうちのせいぜい一つか二つです。この他にも説があることをご理解いただいたうえでご覧いただきたいと思います。また、観察時に簡単なメモができるようにメモ欄も設けましたのでご活用ください。ハンディーな本書を、散歩やお出かけのひと時にいつも携行してご利用いただけたら幸いです。

雑草さんぽ手帖 目次

春の雑草

赤詰草　アカツメクサ……8
白詰草　シロツメクサ……9
亜米利加風露　アメリカフウロ……10
馬の足形　ウマノアシガタ……11
馬肥し　ウマゴヤシ……12
大犬の陰嚢　オオイヌノフグリ……13
和蘭芥子　オランダガラシ……14
垣通し　カキドオシ……15
片喰み　カタバミ……16
烏の豌豆　カラスノエンドウ……17
雀の豌豆　スズメノエンドウ……18
狐薊　キツネアザミ……19
狐の牡丹　キツネノボタン……20
草の黄　クサノオウ……21
地縛り　ジシバリ……22
大地縛り　オオジシバリ……23
諸葛菜　ショカツサイ……24
酸い葉　スイバ……25
杉菜　スギナ……26
雀の鉄砲　スズメノテッポウ……27
西洋油菜　セイヨウアブラナ……28
西洋芥子菜　セイヨウカラシナ……29
西洋蒲公英　セイヨウタンポポ……30
日本蒲公英　ニホンタンポポ……31
芹　セリ……32
種漬花　タネツケバナ　33
田平子　タビラコ　36

爪草　ツメクサ……37
常盤爆　トキワハゼ……38
灯台草　トウダイグサ……39
長実の雛罌粟　ナガミノヒナゲシ……40
撫菜　ナズナ……41
軍配撫菜　グンバイナズナ……42
弱草藤　ナヨクサフジ……43
苦菜　ニガナ……44
野漆　ノウルシ……45
野蒜　ノビル……46
野襤褸菊　ノボロギク……47
繁縷　ハコベ……48
花韮　ハナニラ……49
母子草　ハハコグサ……50
浜大根　ハマダイコン……51
春紫菀　ハルジオン……52
春の野芥子　ハルノノゲシ……53
姫踊子草　ヒメオドリコソウ……56
姫女菀　ヒメジョオン……57
豚菜　ブタナ……58
蛇苺　ヘビイチゴ……59
仏の座　ホトケノザ……60
三葉土栗　ミツバツチグリ……61
耳菜草　ミミナグサ……62
紫華鬘　ムラサキケマン……63
紫鷺苔　ムラサキサギゴケ……64

夏の雑草

荒地花笠　アレチハナガサ……66
犬莧　イヌビユ……67
狗尾草　エノコログサ……68
大待宵草　オオマツヨイグサ……69
雌待宵草　メマツヨイグサ……70
雄日芝　オヒシバ……71
大葉子　オオバコ……72
髢草　カモジグサ……73
蚊帳吊草　カヤツリグサ……74
烏麦　カラスムギ……75
桔梗草　キキョウソウ……76
羊蹄　ギシギシ……77
金水引　キンミズヒキ……78
現の証拠　ゲンノショウコ……79
石榴草　ザクロソウ……82
滑莧　スベリヒユ……83
竹似草　タケニグサ……84
立浪草　タツナミソウ……85
茅萱　チガヤ……86
毒溜　ドクダミ……87
露草　ツユクサ……88
庭石菖　ニワゼキショウ……89
捩花　ネジバナ……90
野薊　ノアザミ……91
掃溜菊　ハキダメギク……92
花独活　ハナウド……93
波斯菊　ハルシャギク……94
姫蔓蕎麦　ヒメツルソバ……95
昼顔　ヒルガオ……96
小昼顔　コヒルガオ……97
西洋昼顔　セイヨウヒルガオ……98
豚草　ブタクサ……99
屁糞葛　ヘクソカズラ……102
細青鶏頭　ホソアオゲイトウ……103
継子の尻拭い　ママコノシリヌグイ……104
都草　ミヤコグサ……105
禊萩　ミソハギ……106
雌日芝　メヒシバ……107
八重葎　ヤエムグラ……108
藪枯らし　ヤブガラシ……109
藪萱草　ヤブカンゾウ……110
藪虱　ヤブジラミ……111
山の芋　ヤマノイモ……112
夕化粧　ユウゲショウ……113
悪茄子　ワルナスビ……114

秋の雑草

茜　アカネ……116
秋の鰻摑み　アキノウナギツカミ……117
秋の麒麟草　アキノキリンソウ……118
秋の野芥子　アキノノゲシ……119
石見川　イシミカワ……120
猪子槌　イノコヅチ……121
痛取り　イタドリ……122
犬蓼　イヌタデ……123
犬酸漿　イヌホオズキ……126
榎草　エノキグサ……127
大雄生揉　オオナモミ……128

数珠玉　ジュズダマ……138
薄　ススキ……139
雀瓜　スズメウリ……140
背高泡立ち草　セイタカアワダチソウ……141
力芝　チカラシバ……142
縮み笹　チヂミザサ……143
蔓豆　ツルマメ……144
盗人萩　ヌスビトハギ……145
彼岸花　ヒガンバナ……146
鵯上戸　ヒヨドリジョウゴ……147
水引　ミズヒキ……150
溝蕎麦　ミゾソバ……151
矢筈草　ヤハズソウ……152
洋種山牛蒡　ヨウシュヤマゴボウ……153
嫁菜　ヨメナ……154
蓬　ヨモギ……155

風草　カゼクサ……129
鉄葎　カナムグラ……130
烏瓜　カラスウリ……131
黄烏瓜　キカラスウリ……132
芋　カラムシ……133
菊芋　キクイモ……134
狐の孫　キツネノマゴ……135
葛　クズ……136
小蜜柑草　コミカンソウ……137

コラム①　春の七草……34
コラム②　さんぽで見つける帰化植物……54
コラム③　食べられる雑草……80
コラム④　役に立つ雑草……100
コラム⑤　秋の七草……124
コラム⑥　ロゼットを見つけよう……148

※本書は、『雑草の呼び名事典』(2012年刊)と、『雑草の呼び名事典散歩編』(2013年刊)の内容を再構成したものです。

Spring 春の雑草

オオイヌノフグリの青い花が
星のように咲き乱れる春の土手。
よく見ると、枯草の間からたくさんの草の芽が顔を出している。
道端や空き地にも小さな命が豊かに春を彩っている。

赤詰草

アカツメクサ

ヨーロッパ原産の多年草で、日本には明治時代に入ってきて各地に広がりました。シロツメクサ（p9参照）に似ていますが、大型で花色の他、花のすぐ下に葉がある点などが異なります。シロツメクサ同様、ガラス製品などの詰め物とされ、花が赤いのでアカツメクサとなりました。

花期は5〜8月。

春

草丈は20〜60cmと個体により大きさが異なる。

別名：クローバー
Trifolium pratense
マメ科　多年草
分布：日本全土
生育地：道端、空き地、草原

さんぽメモ

8

白詰草

シロツメクサ

花を摘んで、冠や腕輪を編むことができる。

花期は4〜9月。

別名：クローバー
Trifolium pratense
マメ科　多年草
分布：日本全土
生育地：道端、空き地、草原

春

緑肥として栽培されている。

さんぽメモ

幸せを呼ぶといわれる四つ葉のクローバーは、このシロツメクサの葉です。本来3枚の小葉からなるものが4枚ついたもの。ツメクサの名は昔、オランダからガラス製品が入ってきた時、割れないように詰めてあった草からきています。白は花が白いからで、別種でアカツメクサもあります。

亜米利加風露

アメリカフウロ

ゲンノショウコ（p79参照）と同じフウロソウ科で葉も花もよく似ていますが、葉はより切れ込みが深く、花は直径約8mmで小さめです。北アメリカ原産の帰化植物なので、名前はアメリカからきたフウロソウの意です。風露（フウロ）とは、草刈場（ふうろ野）に生える植物ということです。

切れ込みの深い葉が特徴的。

Geranium carolinianum
フウロソウ科　多年草
分布：日本全土
生育地：草原、道路、空き地

春

葉や葉柄は赤みを帯びることが多い。

花期は5〜6月。

さんぽメモ

10

馬の足形

ウマノアシガタ

花には光沢がある。

有毒なので食べてはいけない。

別名：キンポウゲ
Ranunculus japonicus
キンポウゲ科　多年草
分布：日本全土
生育地：開けた林道沿い、草原

春

八重咲きのものはキンポウゲの名で呼ばれることが多く、属名のラナンキュラスの名で多くの外国産園芸種も出回っています。どれも光沢のある花びらが特徴です。名前の由来には諸説ありますが、花びらの形が馬の蹄（ひづめ）の形に似ているところから名がついたとする説が有力です。

花期は4～5月。

さんぽメモ

11

馬肥し ウマゴヤシ

ヨーロッパ原産の小さなマメ科植物ですが、江戸時代に牧草として渡来して以来、日本各地の道端や草地に広がりました。3〜5月に4〜5mmの小さな黄色い花を咲かせて棘(とげ)のある渦巻き状の果実をつけます。牧草として馬の餌となるところから馬肥し（ウマゴヤシ）となりました。

踏まれ強く道ばたなどに広がる。

別名：バークローバー
Medicago polymorpha
マメ科　越年草
分布：本州・四国・九州
生育地：牧場、野原、道端

春

葉は3枚の小葉からなり、基部に托葉(たくよう)がある。

マメ科らしい花の形。

12

大犬の陰嚢 オオイヌノフグリ

花期は2〜5月。

花は4弁で、ふつう1日で散る。

別名：星の瞳
Veronica persica
オオバコ科　越年草
分布：日本全土
生育地：畑、道端、空き地

春

春の畑や道端の陽だまりに、地を這うように広がって5〜6mmほどの青い花を咲かせます。イヌノフグリは在来種で、果実が犬の陰嚢に似ているところから名づけられたといわれますが、その仲間の大型種なのでオオイヌノフグリとなりました。星の瞳というきれいな別名もあります。

日当たりのよい空き地に群生する。

さんぽメモ

和蘭芥子

オランダガラシ

各地の水辺に野生化している。

花は十字形。

春

別名：クレソン
Nasturtium officinale
アブラナ科　多年草
分布：日本全土
生育地：小川の縁、溝

よくステーキやハンバーグに添えてあるクレソンの和名がオランダガラシです。オランダから渡ってきた植物で、葉や茎に芥子のような辛味があることからこの名がつきました。きれいな流れの水辺を好むのでウォータークレスとも呼ばれ、横に伸びた茎から根を下ろして群生します。

茎から根を下ろし横に広がる。

14

垣通し カキドオシ

茎は長く横に這う。

花期は4〜5月。

葉を揉むと、薬っぽいが爽やかな香りがする。

別名：カントリソウ
Glechoma hederacea subsp. *grandis*
シソ科　多年草
分布：日本全土
生育地：道端、畦（あぜ）、林縁（りんえん）

春

丸くて縁にギザギザのある葉を向かい合わせにつけた茎が地を這うように伸びていきます。この様子が、垣根を突き通すほどなので垣通し（カキドオシ）という名がつきました。古くから薬草として使われ、子供の疳（かん）の虫に効くところからカントリソウという別名もあります。

15

片喰み

カタバミ

どこにでも生えるので雑草扱いされますが、その繁殖力の強さから子孫繁栄を願って、家紋などにも多く使われています。園芸植物のオキザリスはこの草の属名でみな同じ仲間です。葉は夜になると閉じて、それが片側だけ何かに食べられたようなので、片喰み（カタバミ）となりました。

Oxalis corniculata
カタバミ科
多年草
分布：日本全土
生育地：道端、空き地、庭、畑

春

カタバミの葉はヤマトシジミの幼虫の食草。

花期は4〜9月。

茎が立ち上がる
オッタチカタバ
ミもある。

さんぽ
メモ

烏の豌豆 カラスノエンドウ

花はスイートピーに似ている。

つる性で蔓延るので嫌われることが多い草ですが、よく見ると花はスイートピーを小さくした感じで、とても可愛いものです。エンドウ豆の莢を細くしたような果実ができますが、これが熟すとカラスのような黒色になるので、カラスノエンドウという名がついたといわれます。

別名：ヤハズエンドウ
Vicia sepium
マメ科　越年草
分布：本州・四国・九州
生育地：庭、畑、道端

春

花期は3〜6月。

葉の先端の巻きひげで、他の草に絡みつく。

さんぽメモ

雀の豌豆

スズメノエンドウ

> 花は目立たないが、莢はよく目につく。

莢の中に種が2個できる。

Vicia hirsuta
マメ科
越年草
分布：本州・四国・九州
生育地：畦道、道端、草原

春

花も葉も小さいものの、ルーペでよく観察すると、しっかりエンドウと同じマメ科の特徴をもっていることが分かります。花は長さ2〜3mmの白色で、果実は約5mmの莢に小さなマメが2つ入っています。カラスノエンドウより小さいのでスズメノエンドウとなりました。

茎の長さは30〜60cmほど。

さんぽメモ

狐薊

キツネアザミ

花期は5〜6月。

アザミの葉にある棘がキツネアザミにはない。

Hemistepta lyrata
キク科
越年草
分布：本州・四国・九州
生育地：休耕田、空き地

春

長い花茎の先にアザミによく似た赤紫色の花をつけますが、アザミの仲間ではありません。よく似ているのにアザミではないので、昔から人を化かすと言い伝えられるキツネをつけてキツネアザミとなりました。猟師に追われたキツネが化ける時、慌てて棘をつけ忘れたという話もあります。

花はすべて上向きに咲く。

さんぽメモ

19

狐の牡丹

キツネノボタン

花期は5〜7月。

別名：コンペイトウグサ
Ranunculus sileriifolius
キンポウゲ科　多年草
分布：本州・四国・九州
生育地：溝、田の周辺、
湿った草地

春

茎はやや赤みを帯びることが多く、空洞。

湿った土地を好むキンポウゲ科の多年草で、近い仲間のウマノアシガタの花びらをやや細くしたような花は黄色で光沢があります。名前の由来は葉が牡丹に似ているのと、キツネには山野、化かす、偽物などの意味が含まれることから。果実の形から、コンペイトウグサの別名もあります。

湿った場所を好む。

草の黄　クサノオウ

林縁に多く自生する。

ノゲシがケシ科ではなくキク科なのに対し、こちらは正真正銘のケシ科ですが名前にケシはついていません。名前の由来は、葉や茎を切ると黄色い汁が出るので草の黄（おう）、または薬草として優秀なので草の王、などがあります。薬にもなりますが、毒性が強いので口にしてはいけません。

Chelidonium majus var. *asiaticum*
ケシ科
多年草
分布：日本全土
生育地：林縁

春

花期は5〜6月。

葉や茎を切ると黄色い汁が出る。

さんぽメモ

21

地縛り ジシバリ

草丈は5〜10cmほどでタンポポの花を小さくしたような黄色い花をつけます。地上を這うように茎が伸びて広がりますが、この様子が地面を縛るように見えるのでジシバリの名がつきました。岩場に多くてニガナに似ているのでイワニガナの別名で呼ばれることもあります。

地面を覆い尽くすように群生。

別名：イワニガナ
Ixeris stolonifera
キク科　多年草
分布：日本全土
生育地：岩場、土手、道端

春

花はタンポポに似るが、葉は円形で小さい。

花期は4〜5月。

さんぽメモ

休耕田や田のまわりで見かける。

大地縛り オオジシバリ

ジシバリ（p22参照）によく似ていますが、大きいところからオオジシバリとなりました。ジシバリよりも湿った環境を好み、田んぼの周辺でよく見かけます。葉はへら状で細長いのが特徴です。花は雌しべの先が２つに分かれていて、虫が花粉を運んでこない時は、先が丸まって自家受粉します。

別名：ツルニガナ
Ixeris debilis
キク科　多年草
分布：日本全土
生育地：田の畔、休耕田、やや湿った草地

花はジシバリよりも大きい。

ひとつの花茎に１〜４個の花をつける。

春

さんぽメモ

諸葛菜

ショカツサイ

別名：ムラサキハナナ
Orychophragmus violaceus
アブラナ科　越年草（一年草）
分布：日本全土
生育地：庭、道端、土手

薄紫の花は、ナノハナと同じ形。

花期は3〜5月。

春

40cmほどの草丈で春にダイコンの花を少し大きくしたような4弁の薄紫色の花をたくさん咲かせます。昔、諸葛孔明が食用にも観賞用にもなるこの草を、先陣を張ると直ぐに種を播いて備えた、という言い伝えから諸葛菜（ショカツサイ）の名がつきました。他にも多くの別名があります。

花片の長さは1〜2cmほど。

24

酸い葉 スイバ

スイバの名も別名のスカンポも葉や茎を嚙むと酸っぱいところからついた名です。これはシュウ酸が多く含まれているからで、生では食べ過ぎない方がいいでしょう。外国のものはフランスではオゼイユ、イギリスではソレルと呼ばれハーブや野菜として利用されています。

花弁はないが、雌花は赤く雄花は黄色っぽい。

花の直径は3mmほど。

春

茎は直立する。

別名：スカンポ
Rumex acetosa
タデ科
多年草
分布：日本全土
生育地：畔道、土手、草原

さんぽメモ

杉菜　スギナ

> スギナは酸性の土地を好む。

春

別名：ツクシ
Equisetum arvense
トクサ科　多年草
分布：日本全土
生育地：道端、土手、畑、空き地

「ツクシ誰の子スギナの子」の歌のとおり、ツクシとスギナは地下茎で繋がっていて、スギナにつく子だからツクシになったといわれます。早春、まず胞子茎であるツクシが土の中から顔を出し、ツクシが萎れる頃スギナが伸びてきます。葉の形が杉の木に似ているのでスギナとなりました。

穂から緑色の胞子を出す。

さんぽメモ

雀の鉄砲 スズメノテッポウ

別名：ヤリクサ
Alopecurus aequalis

イネ科　越年生一年草
分布：日本全土
生育地：田、休耕田

春の田んぼに多く見られる。

雄しべは淡黄色から赤褐色に変わる。

春

花期は3〜5月。

スズメと名のつく植物は他にもたくさんありますが、スズメがそうであるようにみな小さめで人家の近くにあるものです。あまり役には立たないけれど、親しみを込めてつけた名であるように思えます。スズメノテッポウは、つんと伸びた花穂(かすい)を空に向いた銃身に譬えたのでしょう。

さんぽメモ

27

西洋油菜

セイヨウアブラナ

葉の基部が茎を抱くのが特徴。

春

別名：ナノハナ
Brassica napus
アブラナ科　越年草
分布：日本全土
生育地：線路沿い、畑、土手

明治時代の初めにヨーロッパから渡来して、菜種油を採るために栽培されたものが一部野生化しています。「西洋から来た種から油が採れる菜」が名前の由来です。日本には在来種のアブラナもありますが、最近の菜種油はほとんどセイヨウアブラナから採取されているようです。

実が熟すと菜種油が採れる。

菜花の一つで食べられる。

さんぽメモ

28

西洋芥子菜

セイヨウカラシナ

葉の基部は茎を抱かない。

花はアブラナより華奢な感じ。

川沿いの土手に多く見られる。

別名：カラシナ
Brassica juncea
アブラナ科　越年草
分布：日本全土
生育地：川沿い、道端

春

　セイヨウアブラナが線路沿いの土手などに多いのに対し、セイヨウカラシナは川沿いの土手に多い傾向があります。こちらは種子を油ではなく洋芥子（マスタード）の原料にするところから名前がつきました。一見、同じような菜の花ですが、セイヨウカラシナの方が花も草姿も細身です。

29

西洋蒲公英

セイヨウタンポポ

タンポポにはもともと日本にあった在来種と海外から入ってきた外来種があります。この外来種の代表がセイヨウタンポポです。タンポポの名は、花茎を数cm切って縦に切れ目を数本入れると、そこが反り返って鼓のようになります。その鼓の音の「タン、ポンポン」が語源といわれます。

花期は3〜10月と長い。

春

花は黄色い舌状花で、直径3〜4cmほど。

別名：タンポポ
Taraxacum officinale
キク科　多年草
分布：日本全土
生育地：道端、空き地、畑

日本蒲公英　ニホンタンポポ

在来種のトウカイタンポポ。

在来種のシロバナタンポポ。

在来種のニホンタンポポには、カントウタンポポをはじめ、カンサイタンポポ、トウカイタンポポ、シナノタンポポなどがあります。また関東以西を中心に、白い花を咲かせるシロバナタンポポがあり、特に九州や中国地方には多く見られます。花期はそれぞれ、2〜5月にかけてです。

春

🔍 見分け方のポイント

セイヨウタンポポ：総苞片が反り返る。

在来種（シロバナを除く）：総苞片は反り返らない。

さんぽメモ

31

芹
セリ

葉や茎に独特の爽やかな香りがある。

花期は6〜8月。

Oenanthe javanica
セリ科
多年草
分布：日本全土
生育地：小川の縁、休耕田

春

水辺に群生して6〜8月頃、白い小さな花の集まったレースのような花を咲かせます。冬には小さな赤茶けた葉ですが、水ぬるむ春になると明るい緑色の若葉が、まるで競り合うようにぐんぐん育つところからセリという名がついたといわれます。セリは春の七草の一つでもあります。

春先の若い芽を食用とする。

種漬花 タネツケバナ

水が入る前の早春の田を埋め尽くすように、小さな白い花を咲かせます。クレソン(オランダガラシ)(p14参照)を小さくした感じで若い葉は食用にもなります。田植えの準備を始めてちょうど種籾(たねもみ)を水につけて芽を出させる頃に咲くので、種漬花(タネツケバナ)と名がつきました。

別名：タガラシ
Cardamine flexuosa
アブラナ科　越年草
分布：日本全土
生育地：田、畦

花期は3〜5月。

茎の下部には毛が生えている。

花はナズナによく似ている。

さんぽメモ

春

33

雑草コラム ❶

春の七草

1月7日の「七草粥」に入れる野草7種。
「せり なずな
おぎょう はこべら
ほとけのざ すずな
すずしろ これぞ七草」

芹（せり）
水辺や湿地に生えるセリの葉の爽やかな香りは、まさに春の香りです。夏に花茎を伸ばし白い小花を咲かせます。

撫菜（なずな）
七草の頃のナズナはロゼット状の根生葉（こんせいよう）で、葉の切れ込みも様々です。春に、白く小さな4弁花を咲かせます。

御形（おぎょう）（ハハコグサ）
ゴギョウということもあります。早春には白い毛に覆われた葉を地面に広げています。昔は草餅の材料でした。

繁縷（ハコベ）
ハコベというとコハコベかミドリハコベを指すのが普通です。カナリアなどの小鳥の餌には欠かせません。

仏の座（コオニタビラコ）
コオニタビラコが現在の標準和名です。春の七草のうち、最も見つけにくいのがこの草かもしれません。

鈴菜（カブ）
カブのことで、日本古来の代表的な野菜の一つといえます。古事記や日本書紀にも記されており、冬の大切な栄養源でした。

清白（ダイコン）
ダイコンのことで特に葉の部分をいいます。春の七草の中では一番大きいその葉は、ビタミン豊富な栄養野菜です。

田平子　タビラコ

花期は4〜7月。

タンポポに似るが種子に綿毛がない。

春

別名：コオニタビラコ
Lapsana apogonoides
キク科　越年草
分布：日本全土
生育地：田

春の七草のホトケノザはこのタビラコのことです。早春の田にロゼット状に葉を広げて小さな黄色い花をつけます。花茎も立ち上がらず斜上する程度で、全体に平たく田んぼに広がる可愛い草なので田平子（タビラコ）という名になりました。キク科なので食べると少し苦味があります。

春の田んぼに多く見られる。

36

花期は3〜7月。

爪草
ツメクサ

オオバコなどとともに踏まれ強い草で、歩道のアスファルトやコンクリートの割れ目などでも逞しく生きています。同じツメクサと名がついてもシロツメクサ（p9参照）とは由来が異なり、こちらは細長く湾曲した葉の形が、鳥の爪に似ていることからついた名前です。

花弁は
がく片より短い。

3㎜ほどの花弁は5枚。果実も5裂する。

春

Sagina japonica
ナデシコ科　越年草
分布：日本全土
生育地：道端、庭

さんぽメモ

常盤爆 トキワハゼ

ムラサキサギゴケより花は小ぶりで、花径は9mmほど。

茎は株立ちし、高さは5〜20cm。

別名：ナツハゼ
Mazus pumilus
ハエドクソウ科　越年草（一年草）
分布：日本全土
生育地：道端、空き地、畑

春

ムラサキサギゴケによく似ていますが、地を這って伸びる匍匐枝といわれる枝を出さないので見分けられます。一年草ですが季節を選ばず通年花をつけることから常盤（永遠の意）、また果実が爆ぜるので常盤爆（トキワハゼ）となりました。ムラサキサギゴケより乾いたところを好みます。

さんぽメモ

灯台草 トウダイグサ

花は目立たないが、苞はよく目につく。

別名：スズフリバナ
Euphorbia helioscopia
トウダイグサ科　越年草
分布：本州・四国・九州
生育地：土手、道端、畑

春

春の草原にあってもトウダイグサの明るい鮮やかな黄緑色はとてもよく目立ちます。名前の由来は草姿を昔の灯台（室内を照明するための器具）に見立ててつけたものです。トウダイグサの仲間の花は、数個の雄花と1個の雌花からなっていて、とても面白い形をしています。

春の土手に群生するトウダイグサ。

さんぽメモ

39

長実の雛罌粟

ナガミノヒナゲシ

蕾(つぼみ)は開く直前まで下を向いている。

花期は4〜5月。

Papaver dubium
ケシ科　越年草
分布：本州・四国・九州
生育地：道端、空き地

果実の上面にハッチ（蓋）がある。

ヒナゲシによく似ていますが、花は少し小ぶりでサーモンピンクをしています。ヨーロッパ原産の帰化植物で、1990年頃から急にあちこちで見かけるようになりました。長い茎の先端に花の後にできる果実の形が細長いので、ナガミノヒナゲシという名前になりました。

40

撫菜　ナズナ

タネツケバナと似ている。

花期は3〜5月。

七草粥の頃はまだロゼット状。

春

これも春の七草の一つで、昔は冬の間の貴重な栄養源でした。花は白く小さい十字形の4弁花です。昔から撫でたくなるほど可愛い花というところから撫菜（ナデナ）、それが転訛してナズナとなったといわれます。果実の形が三味線のバチに似ているところからペンペングサの別名もあります。

別名：ペンペングサ、
　　　ビンボウグサ
Capsella bursa-pastoris
アブラナ科　越年草
分布：日本全土
生育地：畑、道端

さんぽメモ

41

軍配撫菜 グンバイナズナ

ナズナ（p41参照）によく似ていますが、果実が大きめで三角形ではなく軍配のような丸みのある形をしています。この形が名前の由来です。ふつうのナズナよりやや遅れて、4〜6月頃、ナズナによく似た白い4弁花をつけます。果実は薄いので真ん中に種子が透けて見えます。

Thlaspi arvense
アブラナ科　一年草
分布：日本全土
生育地：道端、草原

春

葉はナズナの葉ほど切れ込まない。

花はナズナそっくりの十字形。

中心に種子が透けて見える。

42

弱草藤

ナヨクサフジ

果実は小ぶりな
サヤエンドウ。

花色には個体差があり、一部
が白っぽく見えるものもある。

別名：ヘアリーベッチ
Vicia villosa subsp. *varia*
マメ科　一年草
分布：日本全土
生育地：道端、畑、草地

花は反り返った
部分より筒の部
分が長い。

春

ヨーロッパ原産のマメ科の帰化植物です。日本には在来種のクサフジがありますが、最近都市部の周辺では、このナヨクサフジの方を多く見かけるようになりました。フジに似た房状の花をつけることからクサフジ、茎が細く弱々しく見えることからナヨをつけてナヨクサフジとなりました。

43

苦菜

ニガナ

黄色い舌状花はふつう5枚で先がギザギザ。

舌状花の先がへこむ。

Ixeris dentata

キク科　多年草
分布：日本全土
生育地：草原、道端、林縁

春

ニガナのナ（菜）から想像すると菜っ葉のような大きな葉かと思いますが、この草の葉は小さくスマートであまり目立ちません。しかし、その葉や茎を切ると白い乳液が出て、それが苦いところからニガナという名前になりました。ニガナに限らずキク科の植物は苦いものが多いようです。

派手さはないが、群れると見事。

44

野漆 ノウルシ

> トウダイグサより大きく、葉は細長い。

茎を切ると白い乳液が出る。

別名：サワウルシ
Euphorbia adenochlora
トウダイグサ科　多年草
分布：日本全土
生育地：河原、水辺、湿った草地

春

春に水辺付近の湿った草原に群生する草丈30〜60cmほどのトウダイグサの仲間です。最近は水辺の環境の変化から減少して準絶滅危惧種になっています。茎や葉を切ると白い乳液が出ますが、これが皮膚につくとかぶれるところから、野にある漆（ウルシ）でノウルシとなりました。

上部の黄緑色が鮮やか。

さんぽメモ

野蒜 ノビル

> アサツキに似た葉は細く目立たない。

別名：コビル
Alium grayi
ユリ科　多年草
分布：日本全土
生育地：畑、土手

春

白くて丸いノビルの球根（鱗形(りんけい)）は味噌をつけて食べると美味しい初夏の山菜です。ニンニクやラッキョウの仲間ですが、ニンニクを昔は蒜（ヒル）と呼んでいたところから、野にある蒜でノビルとなりました。長い花茎の先に小さな淡紫色の花か、小さな鱗茎の珠芽(むかご)をつけます。

さんぽメモ

花茎の先には珠芽がつく。

畦(あぜ)でつんつんと花茎を伸ばす。

野襤褸菊

ノボロギク

花期は5〜8月。

黄色い花は筒状。花の集まりで花弁はない。

別名：オキュウグサ
Senecio vulgaris
キク科　越年草
分布：日本全土
生育地：道端、畑、空き地

春

明治時代の初めにヨーロッパから渡来した帰化植物です。寒さにも強く暖地ならほぼ一年中花を咲かせ、小さな綿毛にのせて種を飛散させ増えるため、今では日本中でふつうに見られます。この綿毛を襤褸切れに見立て、「襤褸を着たような野に生える菊」からノボロギクとなりました。

綿毛を風に飛ばして増える。

さんぽメモ

繁縷　ハコベ

空き地などに密集して生える。

花期は4〜6月。

花弁は5枚だが深く2裂している。

別名：ハコベラ
Stellaria media
ナデシコ科　一年草(越年草)
分布：日本全土
生育地：畑、道端、庭

在来種ミドリハコベと、明治時代に帰化したコハコベを総称してハコベと呼ぶことが多いですが、ここではいま最もよく見かけるコハコベを取り上げました。しかし、平安時代に波久倍良（ハクベラ）と呼ばれていたのが語源といわれるので、在来種のミドリハコベについた名なのでしょう。

花韮 ハナニラ

鱗茎(りんけい)でも増えるので群生することが多い。

白が基本だが青紫を帯びることも。

別名：セイヨウアマナ
Ipheion uniflorum
ユリ科　多年草
分布：本州・四国・九州
生育地：庭、道端、土手

春

南アメリカ原産の多年草で、明治時代に観賞用として入って来たものが野生化しています。白い可愛い花に似合わず、葉にはニラ臭があります。そのため、名前も花のきれいなニラのような草からハナニラとなりました。花は白色が基本ですが、青やピンク色がかった園芸品種もあります。

花期は4～5月。

さんぽメモ

49

母子草

ハハコグサ

花期は4〜5月。

茎と葉には産毛がある。

春

葉の表にも裏にも白い毛が生えている。

春の七草の一つでオギョウやゴギョウと呼ばれるのはこの草です。全体に白い毛に覆われていて、春に10〜30cmほどの茎の先に花びらのない黄色い小さな花をたくさんつけます。産毛で暖かそうな葉が茎や花を抱くように伸びてくる様を母子に譬えたのが名前の由来です。

別名：ホウコグサ、オギョウ
Gnaphalium affine
キク科　越年草
分布：日本全土
生育地：畦道、道端、草原、畑

さんぽメモ

50

浜大根 ハマダイコン

砂地に群生することが多い。

花はダイコンより大きく、色も濃い。

春

花期は4〜6月。

別名：ノダイコン
Raphanus sativus var. raphanistroides
アブラナ科　越年草
分布：日本全土
生育地：砂浜

ハマヒルガオ、ハマエンドウなどとともに春から初夏にかけての海辺を彩る植物の一つです。もとは栽培種のダイコンと同じものといわれ、畑で育てれば太いダイコンになるともいわれますが、海岸のものは細くて硬い根しかありません。浜辺で野生化したダイコンが名前の由来です。

さんぽメモ

春紫苑

ハルジオン

> 草丈は30〜50cmで茎の断面は空洞。

別名：ビンボウグサ
Erigeron philadelphicus
キク科　多年草
分布：日本全土
生育地：道端、空き地、畑

春

春先に白〜淡紅色の花をたくさん咲かせるキク科植物です。北アメリカ原産で大正時代に観賞用に入ったものが野生化しました。同じキク科の紫苑（しおん）は秋の花ですが、春に咲く紫苑の意味で春紫苑（ハルジオン）となりました。蕾が開花直前まではじらうように下を向いています。

花期は4〜5月。

ヒメジョオンより一足早く咲く。

さんぽメモ

52

春の野芥子 ハルノゲシ

花期は4〜5月。

秋に花が咲くアキノノゲシもある。

別名：ノゲシ
Sonchus oleraceus
キク科　越年草（一年草）
分布：日本全土
生育地：道端、空き地

春

ケシと名がついてもケシの仲間ではなく、タンポポなどに近いキク科の植物です。花もタンポポを小型にした感じで、茎を切ると白い乳液が出るのも同じです。ただ葉がケシの葉に似ていて春の野に咲くのでハルノゲシという名がつきました。葉に棘のあるオニノゲシもあります。

葉は白みがかった緑。

さんぽメモ

雑草コラム ❷

さんぽで見つける帰化植物

人為的な原因で海外から入ってきて、
日本に定着し野生化した植物を帰化植物といいます。
江戸末期以降急増して、現在では日本の植物の
4分の1以上が帰化植物だと言われています。

[オオキンケイギク]
高速道路の法面(のりめん)や道端に野生化しています。観賞用や緑化用に使われていましたが増えすぎて、今では栽培や販売が禁止されています。

[ハハコグサ]
春の七草にも入っているくらいなので在来種のようですが、大昔に農耕文化の伝来とともに入ってきたと思われる史前帰化植物です。

[オオイヌノフグリ]

イヌノフグリは在来種ですが、オオイヌノフグリは明治時代に渡来したヨーロッパ原産の帰化植物で、今ではふつうに生えています。

[ヨウシュヤマゴボウ]

これも在来種ヤマゴボウよりもヨウシュヤマゴボウの方が今ではふつうに見られます。どちらも有毒植物なので食べてはいけません。

姫踊子草

ヒメオドリコソウ

草丈は10〜20cmで群生する。

花期は3〜5月。

Lamium purpureum
シソ科
越年草
分布：日本全土
生育地：道端、畦、畑

春

ホトケノザと同じ頃に咲きよく似ていますが、より葉が密につき花のつくあたりの葉が紫色がかっているのが特徴です。近い仲間で、花が菅笠を被って踊る踊り子のように見えるところからオドリコソウと名がついた草がありますが、それより小さいのでヒメオドリコソウとなりました。

花はピンクで花茎は1cmほど。

さんぽメモ

姫女菀 ヒメジョオン

白い舌状花は真っ直ぐに伸びる。

茎の中は空洞ではなく、白いスポンジ状。

別名：テツドウバナ
Erigeron annuus
キク科　越年草（一年草）
分布：日本全土
生育地：道端、空き地、河原

春

ハルジオン（春紫菀）と混同されやすいこのヒメジョオン（姫女菀）ですが、このように漢字で書くと違いがよくわかります。姫は小さい、女菀は中国の花の名です。北米原産の帰化植物ですが、中国から渡来したと思われてこの名がついたのかもしれません。花期は6〜10月です。

春から夏にかけて大きくなる。

さんぽメモ

豚菜

ブタナ

花茎がとても長い。

別名：タンポポモドキ
Hypochaeris radicata
キク科　多年草
分布：日本全土
生育地：道端、空き地、土手

春

花期は5〜7月。

長い花茎の先にタンポポそっくりの黄色い花を咲かせます。帰化植物で邪魔者扱いされることが多いですが、群生するときれいなものです。名はフランスでの俗名、Salade de porc（ブタのサラダ）の直訳が語源となっています。葉や根はブタだけでなく人間のサラダや料理にも使えます。

葉はタンポポに似るが、肉厚で短い毛がある。

さんぽメモ

58

日当たりのよい空き地に群生する。

蛇苺 ヘビイチゴ

地面を這うように広がって春先にまず1cmほどの黄色い花をつけ、それがやがて小さな真っ赤なイチゴになります。湿っていてヘビのいそうなところによく生えるうえ、まずくて食べられないところからヘビイチゴの名前がつきました。実は、まずいものの毒ではありません。

春

花期は4〜5月。

花は5弁、葉は3小葉からなる。

別名：クチナワイチゴ
Duchesnea chrysantha
バラ科　多年草
分布：日本全土
生育地：湿った草地、畦道

さんぽメモ

59

仏の座

ホトケノザ

花期は3～6月。

別名：サンガイグサ
Lamium amplexicaule
シソ科　越年草（一年草）
分布：本州・四国・九州
生育地：畑、道端

春

背丈10～30cmほどの草で、春に茎の先端に赤紫色の可愛い花をつけて、よく群生します。丸く花を囲む葉の上に咲く様子が台座の上の仏様のようなので、ホトケノザと名がつきました。春の七草のホトケノザはキク科のコオニタビラコのことで、本種ではありません。

葉が段々につくので三階草（サンガイグサ）の別名もある。

さんぽメモ

三葉土栗

ミツバツチグリ

花期は3～5月。

花の後、ランナーを伸ばして増える。

Potentilla freyniana
バラ科　多年草
分布：日本全土
生育地：土手、林縁、山野

春

花も葉もヘビイチゴに似ていますが、赤い実はつきません。近い仲間に愛知県以西に分布するツチグリがありますが、根が太く食用になり、栗のような味がするのでツチグリの名があります。それに似ていて葉が3小葉からなる（ツチグリは3～9小葉）ので、ミツバツチグリとなりました。

早春の陽だまりに咲く。

さんぽメモ

61

耳菜草 ミミナグサ

花柄が萼片より長いのが特徴。

花は細くて華奢。

別名：ネズミノミミ
Cerastium holosteoides var. *hallaisanense*
ナデシコ科　越年草
分布：日本全土
生育地：畦道、土手、田の周辺

春

花びらには切れ込みがある。

外来種のオランダミミナグサにおされてあまり見かけなくなってしまった感のある在来種のミミナグサですが、道端や田んぼ周辺などで思わぬ出会いをすることもあります。その名前の由来は、対生する小さな葉をネズミの耳に譬えたといわれます。茎は暗紫色を帯びることがあります。

草丈は30〜50cmほど。

花期は4〜5月。

紫華鬘

ムラサキケマン

日向よりも半日陰くらいの木陰を好む。

Corydalis incisa
ケシ科　越年草
分布：日本全土
生育地：木陰、林縁

春

レンゲソウの花を縦に連ねたような赤紫色の花は木陰や林縁でよく目立ちます。細かく裂けた葉は柔らかくて一見食べられそうですが、有毒なので決して食べてはいけません。花の連なる様子が仏堂内陣を飾る華鬘（ケマン）という仏具に似ているところからムラサキケマンとなりました。

さんぽメモ

紫鷺苔 ムラサキサギゴケ

地面を這う茎を縦横に伸ばして広がり群生する性質があります。白い花のものはサギゴケと呼ばれ、花の形が鷺（さぎ）が飛んでいる姿に似ているところから名がついたといわれます。その紫色花なのでムラサキサギゴケです。苔のように地面を覆いますが、被子植物で苔の仲間ではありません。

日当たりのよい場所に生える。

春

よく似たトキワハゼは茎が地を這わない。

花期は4〜6月。

Mazus miquelii
ゴマノハグサ科
多年草
分布：日本全土
生育地：田の畔、休耕田、湿った草地

さんぽメモ

夏の雑草

真夏の日差しが照りつけて、
草いきれにむせかえる夏の草原。
エノコログサにカモジグサ、オヒシバにメヒシバ、
イネ科の草がひときわ青々と輝いて見える。

荒地花笠

アレチハナガサ

暑さにも強い逞しい草。

Verbena brasiliensis
クマツヅラ科　多年草
分布：本州
生育地：道端、埋め立て地、空き地

夏

花径は小さく2mmほど。

草丈150cmぐらいになる細い茎の先端に淡紫色の小さな花を重ねるように次々咲かせます。荒れ地に花笠のように咲くところから、アレチハナガサとなりました。よく似た仲間に紫色の花がより目立つヤナギハナガサがあります。こちらは葉のつけ根が茎を抱くので区別できます。

花期は6〜10月と長く、茎の断面は四角い。

さんぽメモ

66

犬莧 イヌビユ

花穂は短めで葉の先端が大きくへこむのが特徴。

雄花と雌花が混じって咲く。

花穂はあまり長くならない。

別名：オトコヒユ
Amaranthus lividus var. *ascendens*
ヒユ科　一年草（越年草）
分布：日本全土
生育地：道端、畑、荒れ地

夏

江戸時代に渡来した帰化植物ですが、原産地はよくわかっていません。近い仲間のヒユナは世界中で葉や種子を食用にするため栽培されていますが、イヌビユはあまり食用にしないため、役に立たない意でつける犬をつけてイヌビユとなりました。しかし、イヌビユの若葉も食べられます。

さんぽメモ

狗尾草

エノコログサ

ブラシ状の花穂が垂れ下がる。

長い花穂には
たくさんの毛がある。

別名：ネコジャラシ
Setaria viridis
イネ科　一年草
分布：日本全土
生育地：道端、空き地、畑

夏

花穂を振ると猫がよくじゃれるのでネコジャラシの別名がありますが、エノコロダサという名は犬ころが語源で、毛のある穂を犬の尻尾に見立てて犬ころ草と言ったのが始まりです。アキノエノコログサはやや大型で、穂も大きく重いため穂先が垂れ下がる傾向があります。

さんぽメモ

草丈は40〜70cmになる。茎は細い。

大待宵草

オオマツヨイグサ

これは朝の花の状態だが、日が当たりだす頃は萎んでしまう。

花は夕方に開く。

別名：ツキミソウ
Oenothera glazioviana
アカバナ科　二年草
分布：日本全土
生育地：庭、道端

日没とともに花開く一夜限りの花。

夏

ヨーロッパから来た帰化植物で、ハーブ名をイブニングプラムローズといい、種子は月見草オイルの原料になります。マツヨイグサの仲間の多くは、宵を待つように夕方に花開くので待宵草(マツヨイグサ)と名がつきました。本種は全体に大型なのでオオマツヨイグサとなりました。

さんぽメモ

69

雌待宵草

メマツヨイグサ

花後はマツヨイグサほど赤くならない。

実の長さは2cmほど。

夏

花期は7〜9月。

別名：アレチマツヨイグサ
Oenothera biennis
アカバナ科　二年草
分布：日本全土
生育地：空き地、道端、河原

メマツヨイグサもマツヨイグサ同様に夕方開花しますが、やや小さめの花や、すんなり伸びる草姿などから雌をつけてメマツヨイグサとなりました。現在、日本で一番よく見かける種類のマツヨイグサで、花弁と花弁の間に隙間のあるものはアレチマツヨイグサと呼ばれる。

さんぽメモ

雄日芝 オヒシバ

花茎は高さ30〜60cm。
花穂は3〜6本。

メヒシバより葉は長く厚く、花穂は太い。

別名：チカラグサ
Eleusine indica
イネ科　一年草
分布：本州・四国・九州
生育地：道端、空き地、畑

夏

乾燥や踏まれることに強いイネ科の植物です。夏の日照りにも強く、日の当たるところを好む草（芝）が名前の由来で、よく似たメヒシバに対して強くて丈夫で男性的なところから雄をつけて雄日芝（オヒシバ）となりました。メヒシバのように茎が地を這って根を出すことはありません。

花期は8〜10月。

さんぽメモ

大葉子　オオバコ

花茎の他は茎は立たない。

夏

別名：スモトリグサ、シャゼンソウ
Plantago asiatica

オオバコ科　多年草
分布：日本全土
生育地：駐車場、道端、空き地、農道

非常に踏まれ強い草で、人や車に踏み固められ他の草が生えることができないようなところに好んで生えます。葉や茎の繊維が丈夫なためで、この繊維を使って草相撲をするのでスモトリグサの別名もあります。オオバコ（大葉子）の名は、大きいけれど可愛い形の葉に由来しています。

さんぽメモ

花期は4～8月。

髯草

カモジグサ

芒は長く穂は垂れ下がる。

よく似た緑色の濃いアオカモジグサもある。

小花の断面の様子。

別名：ナツノチャヒキ

Agropyron tsukushiense var. transiens

イネ科　多年草
分布：日本全土
生育地：道端、空き地、土手

夏

草丈40〜80cmほどのイネ科の植物で20〜25cmの長さの穂の先は垂れ下がります。全体に灰色がかった緑色で、実にある芒(のぎ)と呼ばれる針のような突起は紫色を帯びる傾向があります。昔、子供たちが若葉を人形のかもじ(添え髪、カツラ)にして遊んだのが名前の由来といわれます。

さんぽメモ

73

蚊帳吊草

カヤツリグサ

花期は7〜9月。

夏

別名：マスクサ
Cyperus microiria
カヤツリグサ科　一年草
分布：本州・四国・九州
生育地：畦、道端、畑

まるで線香花火の火花のような形の花穂をもったカヤツリグサは丈夫でどこにでも生えるので畑では嫌われ者です。茎を裂くように横に引っ張ると蚊帳のような四角い形ができるので、カヤツリグサ(蚊帳吊草)という名前になりました。コゴメガヤツリをはじめよく似た仲間があります。

茎の断面は三角形をしている。

茎は高さ30〜50cm。

烏麦　カラスムギ

実際は食用にもなる。

別名：チャヒキグサ　夏
Avena fatua
イネ科　越年草
分布：日本全土
生育地：道端、畑、草地

草丈は50〜90cmと大型で夏に穂を出す。

イネ科の果実は穎(えい)と呼ばれるもの（イネでいうと籾殻(もみがら)）に包まれています。カラスムギではその穎から長い芒が2〜3本伸びています。まるでバッタが跳ねたような面白い形をしています。食用にならずカラスしか食べない麦という意味でカラスムギという名前がつきました。

さんぽメモ

桔梗草

キキョウソウ

花は下から順に咲いていく。

花期は5〜7月。

別名：ダンダンギキョウ
Specularia perfoliata
キキョウ科　一年草
分布：本州（関東以西）・四国・九州
生育地：道端、空き地

夏

最近市街地でよく見かけるようになった紫色の可愛い花で、北アメリカ原産の帰化植物です。草丈は20〜40cmくらいで、花の直径は10〜20mmと小さいけれど、色も形もキキョウによく似ているのでキキョウソウとなりました。それもそのはず、キキョウ科の一年草です。

段々につく花からダンダンギキョウともいう。

さんぽメモ

羊蹄 ギシギシ

実の中央にはふくらみがある。

花は長い茎に鈴なりにつく。

若芽は食用に、根は薬用に利用される。

別名：ウシグサ
Rumex japonicus
タデ科　多年草
分布：日本全土
生育地：田の畔、水辺、湿地

夏

春になると1mほどの花茎に緑色の小さな花を多数つけます。名前の由来はこの花や果実をこするとギシギシと音がするからとか、果実の形が橋の欄干などにある擬宝珠（ギボウシ）に似ていてたくさんあるのでギボウシギボウシ、それが省略されてギシギシとなったとか諸説あります。

77

金水引

キンミズヒキ

花片は5枚。

草丈は30〜80cm。

花期は7〜10月で花の直径は7〜10mm。

夏

別名：ヒッツキムシ
Agrimonia pilosa var. *japonica*
バラ科　多年草
分布：日本全土
生育地：林縁、山野

キンミズヒキとはいってもミズヒキ（p150参照）とはまったく違う仲間です。長く穂状についた小さな黄色い花は、やがて鉤状（かぎじょう）の棘（とげ）をつけた実になります。これが動物や人について運ばれて拡散されることになります。金色（黄色）に輝く花穂を熨斗（のし）袋（ぶくろ）につける水引に見立てた名前です。

78

別名：イシャイラズ
Geranium nepalense
subsp. *thunbergii*
フウロソウ科　多年草
分布：日本全土
生育地：林縁、草原、
　　　　畦道、土手

現の証拠

ゲンノショウコ

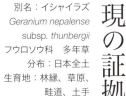

花期は7〜10月。

果実の形から
神輿草の別名も
ある。

夏

花色は白と赤紫の2色ある。

さんぽメモ

またの名をイシャイラズ（医者いらず）ともいって、生薬として胃腸によく効くので、これを飲むと治るのが現の証拠というところからゲンノショウコとなりました。花には白色のものと赤紫色のものがあり、白は東日本に、赤紫色のものは西日本に多い傾向があるようです。

79

雑草コラム ❸

食べられる雑草

雑草の中には、昔は野菜として
食べられていたものもあれば、外来種で今も外国では
野菜として利用されているものもあります。
有毒のものもあるので十分注意してください。

［イヌビユ］

仲間のヒユナは世界中で野菜として利用されています。イヌビユはイヌとついていますが、葉がやや硬いものの食用になります。

［オランダガラシ］

クレソンのことです。比較的きれいな水辺に生えていて、生で食べることもできます。水でよく洗ってから利用してください。

[**スベリヒユ**]
道端や畑にふつうに生えていますが、フランスなどではパースレインの名で市場でも売られています。茹でるとより滑りが出ます。

[**ヤブカンゾウ**]
春の若芽を利用します。クセがなく独特の食感は山菜としても人気です。株を残すため採るのは新芽の地上部だけにしましょう。

石榴草

ザクロソウ

花びらに見えるのは花弁ではなく萼片。

夏

Mollugo Stricta

ザクロソウ科　一年草
分布：本州・四国・九州
生育地：畑、道端

畑や道端でごくふつうに見られますが、地味なので気にも留められないことが多い草です。細い葉の形や、果実が熟して裂ける様子がザクロに似ていることが名前の由来です。広い場所では、枝分かれしながら地上を這うように伸びて先端が斜上するかたちで大きな株になります。

さんぽメモ

小さな果実はザクロのよう。

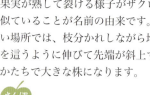

花期は7〜10月。

滑莧　スベリヒユ

葉はへら状で、長さ1.5〜2.5cm。

花期は7〜9月。早朝に咲く。

夏

Portulaca oleracea
スベリヒユ科　多年草
分布：日本全土
生育地：畑、道端

多肉質の葉で茎や葉も水分をたっぷり含んだ感じの草で食用にもなります。パースレインのハーブ名で知られ、フランスなどではサラダにも使われています。茹でると粘液が出て滑り(ぬめ)が出ること、また莧（ヒユ）には小さく愛らしいという意味があるところから、スベリヒユと名がつきました。

茎が地面を這うように広がる。

さんぽメモ

83

竹似草 タケニグサ

別名：チャンパギク
Macleaya cordata
ケシ科　多年草
分布：本州・四国・九州
生育地：崩壊地、伐採地

2m以上にもなる大きな草で、6〜8月頃、高い茎の先に綿毛のような花を多数つけます。茎が長く伸びるうえ空洞で竹に似ているところから竹似草（タケニグサ）という名がつきました。山野の崖崩れ跡や林の伐採地などの空き地に真っ先に生えるパイオニア植物の一つです。アルカロイドを含み有毒です。

夏

花期は6〜8月。

葉の裏は白い毛に覆われている。

キクの葉に似た葉は、大きいもので30cmにもなる。

さんぽメモ

84

シソ科特有の花をつける。

立浪草

タツナミソウ

葉は対生し、花はすべて同じ方向を向く。

別名：ヒナノシャクシ
Scutellaria indica
シソ科　多年草
分布：本州・四国・九州
生育地：林縁、草原

夏

草丈15〜30cmほどのシソ科の多年草で、初夏に茎の先端付近に青紫色の花を片側だけに向けて咲かせます。その色や形、模様などの花姿が打ち寄せる波頭のようなので立浪草（タツナミソウ）の名前がつきました。目立たない花ですが洗練された美しさがあり、とてもいい名前だと思います。

さんぽメモ

茅萱

チガヤ

やがて綿毛は風に飛ばされていく。

花期は5〜6月。

別名：チバナ
Imperata cylindrica
イネ科　多年草
分布：日本全土
生育地：草原、埋め立て地、空き地

夏

草丈30〜80cmのイネ科の植物です。群生して初夏に白い穂を風になびかせる姿は、まさに白い海原のようで壮観なものです。葉が秋に赤や黄に紅葉しますが、真っ赤になることもあるところから血のように赤いカヤ（ススキなどイネ科の植物を指す）からチガヤとなりました。

さんぽメモ

糖分を多く含むので、若い穂を噛むと甘い。

86

庭石菖

ニワゼキショウ

花径は5〜6mm。

花の後には3mmほどの丸い果実ができる。

別名：ナンキンアヤメ
Sisyrinchium atlanticum
アヤメ科　越年草
分布：日本全土
生育地：庭、芝生、畦道

夏

5〜6月に白や赤紫色の花を咲かせる、背丈10cmほどの可愛い花です。花の中心付近はみな赤紫色ですが先の部分が白いものがあり、混生しているときれいなものです。庭の芝生などによく生えて葉が石菖（セキショウ）の葉に似ているのでニワゼキショウと呼ばれます。

日当たりのよい芝生に群生する。

さんぽメモ

捩花

ネジバナ

花期は4〜8月。

花茎は高さ20〜30㎝。

別名：モジズリ
Spiranthes sinensis
var. *amoena*
ラン科　多年草
分布：日本全土
生育地：芝生、背の低い草地

夏

花は小さいが
ランの花の形
をしている。

初夏の芝生などに20〜30㎝ほどの茎をまっすぐに立ち上げて小さなピンク色の花を次々に咲かせます。この花のつき方が茎の下から上へ螺旋を描いてねじれながら咲き上がっていくのでネジバナの名前がつきました。ねじれる方向は右巻きもあれば左巻きもあり定まっていません。

野薊 ノアザミ

花の直径は約4cmで上向きに咲く。

花はすべて花びらのない筒状花。

別名：アザミ
Cirsium japonicum
キク科　多年草
分布：本州・四国・九州
生育地：畦道、土手

夏

日本のアザミのほとんどが夏から秋にかけて花を咲かせるなかで、春から咲き始めるのはこのノアザミくらいです。アザミの仲間には葉に鋭い棘があるのが特徴で、アザム（傷つけるの意）が転訛しアザミとなりました。ノアザミは日本の野原でふつうに見られます。

花期は5〜8月。

さんぽメモ

掃溜菊

ハキダメギク

葉は対生し、茎や葉に白い毛が生える。

別名：コゴメギク
Galinsoga ciliata
キク科　一年草
分布：日本全土
生育地：道端、庭、畑

夏

北アメリカ原産のキク科植物で、日本では大正時代に世田谷の掃き溜めで初めて見つかったことからハキダメギクという名前がつきました。「掃き溜めに鶴」とまではいかないものの、直径5〜6㎜の小さな花はよく見ると白い舌状花の先が3つに切れ込んだ洒落た形をしています。

さんぽメモ

花びらは先が3つに分かれる。

花期は6〜11月。

花独活 ハナウド

花は外側ほど大きい。

別名：ヤマウド
Heracleum nipponicum
セリ科　越年草
分布：本州・四国・九州
生育地：川の土手、やや湿った林縁

夏

草丈は1〜2mで茎は紫褐色を帯び中は空洞。

5〜6月頃、茎の先端にレースのような白い花を咲かせます。小さな花の集まりで、よく見ると外側の花ほど花びらが長いことがわかります。花のきれいなウドという意味の名前ですが、セリ科なのでウド（ウコギ科）の仲間ではありません。草姿が大きいのでウドに譬えたのでしょう。

白い花と茎の対比が美しい。

さんぽメモ

93

波斯菊

ハルシャギク

> 花色は黄色と紫褐色のツートンが多い。

壺状の総苞の中に果実がある。

🟦 夏

別名：ジャノメソウ
Coreopsis tinctoria
キク科　一年草
分布：日本全土
生育地：荒れ地、空き地、庭

明治時代に観賞用に輸入されたものが本州から沖縄に帰化しています。花も背丈もコスモスよりやや小ぶりですが、黄色や紫褐色の花はとてもよく目立ちます。ハルシャ（波斯）とはペルシャのことで、ペルシャの菊というのが名前の由来ですが、本当の原産地は北アメリカです。

園芸植物なので花色は豊富。

別名：カンイタドリ
Polygonum capitatum
タデ科　多年草
分布：本州・四国・九州
生育地：石垣、道端

姫蔓蕎麦

ヒメツルソバ

花はあまり大きく開かない。

とても丈夫で地を這って広がり群生する。

夏

ヒマラヤ原産で観賞用に入ったものが野生化して本州から沖縄まで分布するようになりました。白〜淡紅色の丸い花穂は小さな花の集まりで、金平糖のようです。近い仲間につる性の蕎麦の意から名がついたツルソバがありますが、より小型なのでヒメツルソバとなりました。

葉には紫褐色の模様があり、茎に金平糖のような花をつける。

さんぽメモ

95

昼顔

ヒルガオ

> 葉は細長くあまり角ばらない。

Calystegia japonica
ヒルガオ科　つる性多年草
分布：日本全土
生育地：フェンス、垣根

アサガオは早朝に花開き午前中には萎んでしまうので朝顔、ヒルガオは朝開いた花が日中も咲いているので昼顔。どちらも開花時間が名前の由来になっています。アサガオは一年草ですがヒルガオは多年草なので、根を掘り上げない限り、毎年同じところに生えてきます。

花の直径は5〜6cm。

花期は6〜8月。

小昼顔

コヒルガオ

花の直径は3〜4cm。

葉のつけ根寄りが角ばって張り出している。

夏

Calystegia hederacea
ヒルガオ科　つる性多年草
分布：本州・四国・九州
生育地：フェンス、垣根

ヒルガオよりひと回り小さい花をつけ、全体に小ぶりなのでコヒルガオとなりました。葉の角が角ばって張り出す傾向があります。また花の茎にひれ状のひだがあるのが特徴です。ヒルガオはアサガオより古くからある在来種ですが、コヒルガオは比較的新しい帰化植物です。

花期は5〜8月。

西洋昼顔

セイヨウヒルガオ

花色は在来種のヒルガオより淡く、白に近い。

かすかに赤みを帯びた白色。

夏

Convolvulus arvensis
ヒルガオ科　つる性多年草
分布：本州
生育地：線路沿い、道端、空き地

ヨーロッパ原産の帰化植物で、在来種のヒルガオに対して西洋からきたヒルガオでセイヨウヒルガオとなりました。しかし、この他にコヒルガオをはじめ多くのヒルガオ科の植物は西洋からの帰化植物が多いようです。飼料などに混ざって入ってきたためか、線路沿いでよく見かけます。

さんぽメモ

道路の中央分離帯のコンクリートの隙間からつるを伸ばす。

豚草　ブタクサ

最近は花粉症の原因の一つとして有名になりました。夏から秋にかけて茎の先端に花弁のない小さな雄花を下向きに連ねます。風媒花で軽い花粉を数多く風に散らすので花粉症の人にはたまりません。英語の俗名のホッグウィード(hog weed)を直訳してブタクサという和名になったようです。

Ambrosia artemisiifolia
キク科　一年草
分布：日本全土
生育地：道端、空き地

1mほどの茎に花が密集して咲く。

夏

雌花は雄花より少し下の葉のつけ根につく。

花期は7〜10月。

さんぽメモ

雑草コラム ❹

役に立つ雑草

雑草と呼ばれる草たちは役に立たないと思われがちですが、実はいろいろな用途で人の役に立っています。ここでは薬になるものを中心にご紹介します。

[**クズ**]
風邪薬の葛根湯や葛餅のもとの葛粉などは、みなクズの根からつくられます。また蔓の繊維からは葛布がつくられていました。

[**ヨモギ**]
若い葉は白い毛に覆われていて、特に裏側は真っ白です。この毛を集めたのがお灸のもぐさです。若葉は草餅などにも利用します。

[カキドオシ]

全草を干したものは連銭草(れんせんそう)と呼ばれる生薬で子供の疳(かん)の虫によく効くといわれ、カントリソウの別名もあります。

[ドクダミ]

生の葉の独特の臭い成分には殺菌効果等があり、地上部を乾燥させたものは10もの効能を持つところから、十薬と呼ばれる生薬です。

[ゲンノショウコ]

ほんとうによく効く胃腸薬で、別名のイシャイラズ、タチマチグサなどもみな同じ由来です。乾燥させたものを煎じて利用します。

101

屁糞葛

別名：ヤイトバナ、サオトメバナ
Paederia scandens
アカネ科　多年草
分布：日本全土
生育地：フェンス、垣根

ヘクソカズラ

花期は7〜9月。

夏

葉は長めのハート形で秋には黄色く色づく。

フェンスなどに絡みつくつる性の植物で、夏に赤と白の可愛い花をつけるのに葉や果実を揉むと臭いので、その名に屁と糞という臭いものの代名詞が2つもついたかわいそうな草です。カズラはつる性の植物を意味します。花をお灸（ヤイト）の跡に見立ててヤイトバナの別名もあります。

つるを伸ばし、フェンスなどに絡みつく。

さんぽメモ

102

細青鶏頭

ホソアオゲイトウ

茎は直立する。

花期は7〜11月で、草丈は1〜2mになる。

別名：ホナガアオゲイトウ
Amaranthus hybridus
ヒユ科　一年草
分布：日本全土
生育地：空き地、畑、道端

夏

明治時代に日本に入ってきた南アメリカ原産の大きな草です。あの鶏の鶏冠（とさか）のような花穂をもつところから名がついたことで知られるケイトウの仲間で、その穂が細くて青い（緑）のでホソアオゲイトウとなりました。園芸種の赤い花のケイトウも細長い花穂を出すこともあります。

さんぽメモ

継子の尻拭い

ママコノシリヌグイ

別名：トゲソバ
Persicaria senticosa
タデ科　一年草
分布：日本全土
生育地：小川沿い、溝、湿地

夏

花期は6〜9月。

葉は三角形で葉柄は長い。

花はソバの花に似ている。

昔はお尻を拭くのに荒縄や葉っぱを使ったといいます。しかし、茎や葉に下向きの曲がった棘がたくさん生えているこの草で拭いたら大変なことになります。継母がこの草で継子（ママコ）のお尻を拭いたといういじめの話からついた名前です。ソバなどに近いタデ科の一年草です。

さんぽメモ

別名：エボシグサ
Lotus corniculatus var. *japonicus*
マメ科　多年草
分布：日本全土
生育地：道端、草地

都草

ミヤコグサ

花の形から
烏帽子草の別名も。

花期は5〜6月で花後には細い莢の豆ができる。

夏

日当たりのよい草原に広がる。

さんぽメモ

春から初夏にかけての草地に這うように群生して、鮮やかな黄色いマメの花を咲かせます。昔、京に都があった頃、その辺りに多く生えていたところからミヤコグサと呼ぶようになったといわれます。最近は外来種で花数の多いセイヨウミヤコグサが増えてきています。

105

禊萩

ミソハギ

花期は7〜8月。

田の畔などにお盆の頃に咲く。

別名：ボンバナ
Lythrum anceps
ミソハギ科　多年草
分布：日本全土
生育地：田の畔、湿地

夏

近い仲間に大型で毛が多いエゾミソハギがある。

お盆の頃の田んぼの畔などに赤紫色の花茎を林立させるミソハギは、暑い夏の盛りに咲く代表的な花の一つです。今でもお盆の行事に使われますが、昔から祭事の禊（ミソギ）に使われた萩（ハギ）に似た花ということでミソギハギと呼ばれたものが転訛してミソハギとなったといわれています。

さんぽメモ

雌日芝 メヒシバ

花期は7〜10月。

花穂は4〜8本。

別名：メイシバ
Digitaria ciliaris
イネ科　一年草
分布：日本全土
生育地：畑、道端、草原

夏

オヒシバと違い手で簡単に引き抜ける。

オヒシバ（雄日芝）と同じようにどこにでも生えますが、やや湿り気のあるところを好むようです。花穂は細く、葉は薄くてオヒシバと比べ女性的であるところから雌日芝（メヒシバ）という名になりました。オヒシバと違い、茎が地を這うように斜上して、節から根を下ろして広がり群生します。

さんぽメモ

107

八重葎

ヤエムグラ

秋から芽生え、春に大きくなる。

花期は4〜9月。

別名：クンショウソウ
Galium spurium var. *echinospermon*
アカネ科　越年草
分布：日本全土
生育地：道端、溝

夏

果実にも鈎(カギ)状の毛が生えている。

茎や葉に細かい棘がびっしり生えているので、子供の頃茎をちぎって服につけて遊んだものです。それを勲章に見立てたのでクンショウソウ（勲章草）の別名もあります。ヤエムグラの名の由来は八重のように輪生した葉が段々について葎(むぐら)（群生する草の意）となることからきています。

さんぽメモ

藪枯らし ヤブガラシ

花期は6〜9月。

4枚の花弁は咲くとすぐ散ってしまう。

別名：ビンボウカズラ
Cayratia japonica
ブドウ科　つる性多年草
分布：日本全土
生育地：草藪、フェンス、垣根

夏

ブドウの仲間のつる性の植物ですが、ブドウのような果実がつくことはほとんどなく、特に関東地方では実はできません。たいへん丈夫な植物で、他の植物に絡みついて覆いつくし時には枯らしてしまうこともあるため、藪を枯らすところから藪枯らし（ヤブガラシ）となりました。

生長がとても早い。

さんぽメモ

藪萱草

別名：ワスレグサ
Hemerocallis fulva var. *kwanso*
ユリ科　多年草
分布：本州・四国・九州
生育地：土手、畦道

ヤブカンゾウ

夏

田んぼの畦道などに群生する。

花期は7〜8月で八重咲き。

初夏の土手や畦道にオレンジ色の八重の花をつけるヤブカンゾウは、本格的な夏の訪れを告げる花でもあります。別名をワスレグサというようにカンゾウのカンは、萱（わすれる）に由来します。藪に咲くこの花の美しさに憂さも忘れるというのが名の由来のようです。若芽は食べられます。

よく似た一重咲きのものにノカンゾウがある。

さんぽメモ

藪虱

ヤブジラミ

花期は5〜7月。

茎は直立し、上部は分枝する。

別名：ヒッツキムシ
Torilis japonica
セリ科　越年草
分布：日本全土
生育地：藪、道端

夏

初夏の野原や道端でふつうに見られるセリ科の植物で白い小さな花のあとに3〜4mmほどの実をたくさんつけます。この果実には小さな棘がたくさん生えていて、衣服にくっつきます。この様子を虱（しらみ）に譬えて、藪に入るとついてくるので藪にいる虱でヤブジラミとなりました。

野原や道端に群生する。

さんぽメモ

111

山の芋
ヤマノイモ

自然薯（ジネンジョ）の名でも親しまれている、あのとろろ芋のもととなるヤマノイモ科のつる性の植物です。野生のヤマノイモはすり下ろすと粘り気が強く風味も豊かなので最高のとろろ汁ができます。名前も栽培種である里芋に対して、山野に自生する芋、山芋が名前の由来です。

別名：ジネンジョ
Dioscorea japonica
ヤマノイモ科　多年草
分布：本州・四国・九州
生育地：山野、林縁、垣根

夏

葉は対生で、細長いハート形。

大きな3陵の果実。

雄花序は立ち上がる。

さんぽメモ

造成地の空き地で見かけた大群落。群れても見事。

花びらには目立つ赤い筋がある。

果実は雨が降ると開いて種子をまき散らす。

夕化粧

ユウゲショウ

Oenothera rosea

アカバナ科　多年草
分布：本州
生育地：道端、空き地

夏

南アメリカ原産のアカバナ科の帰化植物で、花は小さめですが、マツヨイグサの仲間です。マツヨイグサ属の多くがそうであるように、この草も夕刻に花開きます。桃色の美しい花が夕方艶っぽく咲くところから、夕化粧（ユウゲショウ）の名がつきました。実際には、夜だけでなく昼も咲きます。

さんぽメモ

悪茄子

ワルナスビ

別名：オニナスビ
Solanum carolinense
ナス科　多年草
分布：日本全土
生育地：道端、土手

花期は6〜8月。

花は春から秋まで咲き続ける。

夏

花色は淡いけれどナスそっくりの花が咲くのに果実は有毒で食べられず、茎や葉には鋭い棘があって触ることさえできないので、悪いナスビからワルナスビとなりました。果実などにはジャガイモの芽に含まれるものと同じソラニンがあるので誤って食べぬよう注意が必要です。

地下茎で繁殖する。

Autumn 秋の雑草

白いヨメナの花々が
田の畦や野道に咲き始めた麗らかな秋晴れの日。
光も風も草花も清々しい。
道端の草花の移ろいに、命の不思議を見る。

茜
アカネ

Rubia argyi
アカネ科　多年草
分布：本州・四国・九州
生育地：林縁、藪、
　　　　フェンス

星形の花は
直径3〜4mm。

茎に逆棘があり、他の草に絡まって伸びる。

秋

花期は8〜9月。

名前の由来は根が赤黄色をしているところからきています。この根は掘り上げて干すことでさらに赤みを増し、これを臼でついたものに熱湯を加えて煮だした液で染めたのが、あの有名な茜染めです。身近にある一見何の変哲もない草の潜在能力に改めて驚かされます。

さんぽメモ

秋の鰻摑み　アキノウナギツカミ

別名：アキノウナギヅル
Persicaria sieboldi
タデ科　一年草
分布：本州・四国・九州
生育地：溝、小川の縁、湿地

秋

花は
大きくは開かない。

細長い葉の基部
は茎を抱く。

湿った場所を好む。

さんぽメモ

この草の茎にも下向きの棘（とげ）があってこれをひっかけて近くのものによじ登ります。ママコノシリヌグイと近い仲間ですが、ママコノシリヌグイは棘をいじめに使った命名、しかしこちらは有効利用で、秋にウナギを掴む時の滑り止めに棘を使うという設定の命名です。

秋の麒麟草

アキノキリンソウ

花期は8〜11月。

別名：アワダチソウ
Solidago virgaurea subsp. *asiatica*
キク科　多年草
分布：日本全土
生育地：林縁、山野

秋

別名をアワダチソウといい、セイタカアワダチソウやオオアワダチソウが北アメリカ原産の帰化植物なのに対して、キリンソウは在来種です。ベンケイソウ科のキリンソウに似ていて、秋に咲くところから名がつきました。キリンソウとは黄色い花が輪になって咲くのをいった名前です。

花は筒状花と舌状花。

茎には上向きの毛が生えている。

さんぽメモ

秋の野芥子　アキノノゲシ

花期は8〜12月。

タンポポを小さくしたような綿毛。

大柄で草丈は2mを超えることもある。

Lactuca indica
キク科　二年草
分布：日本全土
生育地：草原、道端

秋

ハルノノゲシはタンポポによく似た黄色い花ですが、アキノノゲシは淡いクリーム色で舌状花の数も少なめです。レタスやサラダ菜と同属で花や蕾の形やつき方もそっくりです。ノゲシが春から咲き始めるのに対して、秋になってから花をつけるのでアキノノゲシとなりました。

株は大柄だが柔らかい。

さんぽメモ

石見川 イシミカワ

ママコノシリヌグイ（p104参照）やアキノウナギツカミなどの仲間ですが、イシミカワは青色や紫色のカラフルな果実がよく目立ちます。果実（花被の色）は緑色〜紅紫色〜青藍色の順に熟します。名の由来は大阪の石見川流域に多かったので、その地名を由来とする説が有力です。

Persicaria perfoliata
タデ科　一年草
分布：日本全土
生育地：河原、畑、草原

秋

果実は目立つが花は目立たない。花期は7〜10月。

カラフルな果実。　下向きの棘が特徴的。

茎や葉柄には下向きの鋭い棘がある。

さんぽメモ

猪子槌 イノコヅチ

名前の由来となった太い茎の節。

実の基部に2本の棘がある。

別名：ヒッツキムシ
Achyranthes bidentata var. *japonica*
ヒユ科　多年草
分布：本州・四国・九州
生育地：木陰、林縁

秋

この草の実もよく衣服につくのでヒッツキムシとも呼ばれます。茎の節にある太いふくらみが槌や猪の子の膝に似ているところから猪子槌（イノコヅチ）となったといわれますが膝という字はありません。根を干したものは漢方で牛膝（ごしつ）といいますが、これは牛の膝と書きます。

草丈は50〜100cm。

さんぽメモ

痛取り

イタドリ

花期は7〜10月。

若い茎は柔らかい。

別名：スカンポ
Fallopia japonica
タデ科　多年草
分布：日本全土
生育地：畦道、土手、道端

秋

若い芽を折ってかじると酸っぱくてえぐい感じがします。これはスイバと同様シュウ酸を含んでいるからで、そこからどちらもスカンポの別名をもっています。イタドリは昔から薬草としての効果も認められ、痛みを和らげることから痛み取りと呼ばれ、転訛してイタドリとなりました。

茎は空洞で竹のような節がある。

122

犬蓼　イヌタデ

花期は6〜10月。

茎は枝分かれして、たくさんの花穂をつける。

茎は円柱形で柔らかく滑らか。

別名：アカマンマ
Persicaria longiseta
タデ科　一年草
分布：日本全土
生育地：畦道、土手、道端

秋

赤い花や果実を数cmの穂状につけるイヌタデは、ヤナギタデのような辛味がなく香辛料としては使えないので犬をつけたのが名の由来です。イヌ（犬）には食用にならなかったり、役に立たないという意味があります。しかし、昔の子供のままごとでは、別名の赤まんま（赤飯）として主役でした。

さんぽメモ

123

雑草コラム ❺

秋の七草

日本を代表する
美しい秋の花7種。
「萩の花　尾花　葛花
なでしこの花　おみなえし
また藤袴　朝顔の花」
（万葉集・山上憶良）

萩（はぎ）
秋の七草にいう萩とは、ヤマハギかマルバハギのことでしょう。どちらも1.5～2m近くなり、草といっても木本です。

尾花（おばな）（ススキ）
茅（かや）とも呼ばれます。昔は茅葺屋根の材料にしたため、村の周辺には茅場というススキの原がありました。

葛（くず）
クズはよく繁茂するため粗野に見られがちですが、花の美しさといい、香りといい、趣深い日本的な植物です。

124

撫子(なでしこ)
日本女性を大和撫子と呼ぶように、茎は細くとも凛とした強さをもった花です。標準和名はカワラナデシコです。

女郎花(おみなえし)
オミナエシの黄色くて細かい花は盛夏から秋も深まる頃まで長い間咲き続けます。花の蜜はチョウやハチの好物です。

藤袴(ふじばかま)
古く中国からもたらされた帰化植物といわれます。川岸などのやや湿った場所を好みますが近年減ってきています。

朝顔(あさがお)(キキョウ)
山上憶良が詠んだ秋の七草の朝顔はキキョウ、ムクゲ、アサガオと諸説ありますが、キキョウとする説が有力です。

犬酸漿

イヌホオズキ

アメリカイヌホオズキの花。

アメリカイヌホオズキは細身で果実は光沢がある。

秋

別名：カザリナス
Solanum nigrum
ナス科　一年草
分布：日本全土
生育地：道端、空き地

道端でよく見かける草丈30〜60cmのナス科の植物です。8〜10月に深く5つに裂けた6〜7mmの白い花をつけます。果実は初め緑色でやがて黒く熟しますが、つやがないのが本種の特徴です。実がホオズキに似ているのに役に立たないので、犬をつけてイヌホオズキとなりました。

さんぽメモ

イヌホオズキの花は白色。近縁種との見分けは難しい。

榎草 エノキグサ

葉には鋸歯(きょし)がある。

道端などにふつうに見られますが、花も葉も地味で目立たない草です。しかしよく見ると花はとても面白い形をしています。それはトウダイグサ科の植物だからで、属は違いますが花には、トウダイグサやノウルシの雰囲気があります。葉がエノキの葉に似ているのでこの名がつきました。

別名：アミガサソウ
Acalypha australis
トウダイグサ科　一年草
分布：日本全土
生育地：道端、空き地、土手

秋

茶色が雄花、
丸い緑色が雌花。

草丈は20〜40cmくらいで、花期は8〜10月。

さんぽメモ

127

大雄生揉

オオオナモミ

オナモミの仲間の実には先が鉤状に曲がった棘があり、獣の毛や人の衣服にくっつきます。オオオナモミは帰化植物で日本には小型の在来種オナモミがあります。生の葉を揉んで傷口につけると痛みが取れるので雄生揉（オナモミ）、そして在来種より大きいのでオオオナモミとなりました。

別名：ヒッツキムシ
Xanthium occidentale
キク科　一年草
分布：日本全土
生育地：畦道、農道、空き地

秋

草丈は50〜90cm。繁殖力がとても強い。

実はたくさんの棘をもっている。

在来種のオナモミはほとんど見かけなくなった。

さんぽメモ

花期は8〜10月。

風草　カゼクサ

別名：フウチソウ
Eragrostis ferruginea
イネ科　多年草
分布：本州・四国・九州
生育地：道端、空き地

秋

背丈は60〜80cm。多年草で大株になる。

道路脇や空き地によく見かける草で、葉も花穂も細く繊細ですがとても強靭で、硬い地面やわずかな隙間にも根を張って、容易には引き抜けません。名前の由来は大きく、しかし細かな花穂が風に揺れる美しさから、風を感じる草、風草(カゼクサ)となりました。

さんぽメモ

鉄葎

カナムグラ

広範囲に生い茂る草のことを葎といいますが、身近なところではヤエムグラ(p108参照)やこのカナムグラがあります。ともに茎に並んだ細かい下向きの棘で、他の植物に寄りかかるようにして伸びていきます。名前のムグラは前述のとおりですが、カナは鉄の意味で丈夫さを表しています。

花期は8〜10月。

別名：リッソウ
Humulus japonicus
クワ科　一年草
分布：日本全土
生育地：林縁、道端、フェンス、草原

秋

ホップによく似た雌花。　小さな緑色の雄花。

雌雄異株(しゆういかぶ)のつる植物で、葉は対生。

さんぽメモ

130

花期は7～9月。
（雄花）

花は日没後に開く。
（雌花）

烏瓜

カラスウリ

 秋

葉は枯れても赤い実は冬まで残る。

別名：タマズサ
Trichosanthes cucumeroides
ウリ科　つる性多年草
分布：本州・四国・九州
生育地：林縁、フェンス、垣根

夏に夜だけ咲く白いレース状の花をつけて、スズメガなどのガが花粉を媒介します。やがて緑色に白い縦縞模様の小さなウリができ、秋にはそれがオレンジ色から赤色に色づきます。色はきれいですが食用にはなりません。種の色がカラスのように黒いところからカラスウリの名前がつきました。

果実の直径は5～7cm。

さんぽメモ

131

黄烏瓜

キカラスウリ

花期は7〜9月。

花は夜だけ開き朝には萎む。

秋

Thichosanthes kirilowii var. *japonica*
ウリ科　多年草
分布：日本全土
生育地：林縁、藪、フェンス

カラスウリ（p131参照）に似ていて、果実の色が黄色いのでキカラスウリとなりました。全体にカラスウリより大型で果実は丸みが強い傾向があります。薬草としても知られ、根や種子を利用しますが、中でも根のでんぷんから作った天瓜粉（てんかふん）はあせもの予防や治療用として知られています。

カラスウリの花に似るが、やや黄緑色がかり繊細さに欠ける。

132

苧

カラムシ

雌花が丸く集まって房状につく。

葉裏は白く、細かい綿毛が密生する。

秋

別名：アオソ
Boehmeria nivea var. *concolor*
イラクサ科　多年草
分布：日本全土
生育地：畔道、土手、道端

南アジアから東アジアにかけてのカラムシの分布域では、6千年も前から繊維をとるために栽培されてきたといわれます。日本でも昔から麻のように丈夫な繊維のことをカラムシといいましたが、茎（カラ）を蒸して繊維をとったところからカラムシになったといわれています。

葉には細かい鋸歯がある。

133

菊芋

キクイモ

花期は9〜10月。

別名：アメリカイモ
Helianthus tuberosus
キク科　多年草
分布：日本全土
生育地：道端、荒れ地

秋

茎には粘り気のある毛が密生する。

北アメリカ原産のキク科植物で日本には江戸末期に入ってきたといわれます。草丈は2m以上にもなり地下にできるイモ（塊茎）にはイヌリンという多糖類が含まれ、健康食として利用されます。キクに似た黄色い花を咲かせ、芋状の塊茎ができることから菊芋（キクイモ）となりました。

地下にできる塊茎は食用になる。

さんぽメモ

下唇(かしん)の模様が目立つ。

花期は8〜10月。

狐の孫

キツネノマゴ

草丈は10〜40cm、群生することも多い。

秋

別名：メグスリバナ
Justicia procumbens

キツネノマゴ科　一年草
分布：本州・四国・九州
生育地：道端、林縁

晩夏から秋にかけて林縁や道端等でよく見かけるますが、淡い赤紫色の小さな可愛い花を咲かせます。名前の由来はこの花の形や模様が子狐の顔に似ているとか、花穂がキツネの尻尾に似ているとか諸説ありますが、はっきりしません。マゴ（孫）は小さいことを表していると思われます。

135

葛

クズ

木本に分類されることもありますが、ここでは草本として紹介します。電柱や林まで覆いつくす厄介者ですが、根は風邪薬の葛根湯（かっこんとう）や葛粉の原料として利用されます。かつてその葛粉の産地であった大和国（奈良県）の国栖（くず）という地名が、名前の由来となったといわれています。

花期は8〜10月。

別名：マクズ
Pueraria lobata
マメ科　つる性多年草
分布：日本全土
生育地：道端、林縁、山野

茎にはたくさんの細かい毛がある。

さんぽメモ

花はグレープジュースの香りがする。

小蜜柑草 コミカンソウ

高さは10〜40cm。直立茎は紅色を帯びる。

果実は葉のつけ根につく。

花期は7〜10月。

秋

別名：キツネノチャブクロ
Phyllanthus urinaria
トウダイグサ科　一年草
分布：本州・四国・九州
生育地：道端、空き地

マメ科のオジギソウにそっくりな葉の下に、小さなミカンをたくさんぶら下げるように果実をつけるコミカンソウはトウダイグサ科の植物で、これが名前の由来です。ふつう葉のつけ根寄りに雌花が、先端寄りに雄花がつくので果実はつけ根寄りに並ぶことが多くなります。

数珠玉

ジュズダマ

花期は8〜10月。

別名：トウムギ
Coix lacryma-jobi
イネ科　一年草
分布：本州・四国・九州
生育地：田の溝、小川の岸辺、休耕田

秋

実は硬く、指では潰せない。

小川の縁や田んぼのわきの溝などの湿ったところに生え、秋の彼岸の頃になるとこげ茶色や灰色、白色などの実をたくさんつけます。実の中心には隙間があるので、ここに針で糸を通して数珠を作ったところから数珠玉（ジュズダマ）となりました。ハトムギの原種といわれます。

さんぽメモ

草丈は大きいもので2mにもなる。

薄 ススキ

秋に穂全体が白っぽくなる。

葉舌(ようぜつ)の周辺には長い毛がある。

茎の先端に十数本に分かれた花穂をつける。

秋

別名：オバナ
Miscanthus sinensis
イネ科　多年草
分布：日本全土
生育地：野原、空き地、
　　　　荒れ地、山野

さんぽメモ

「幽霊の正体見たり枯れ尾花」の句のオバナや茅葺(かやぶき)屋根のカヤなどはみなススキのことです。ススキという名の語源はどんなところでもすくすく生長する茎、スクスククキが転訛してススキとなったとする説や、野焼きで煤(すす)けた茎からススクキ、転訛してススキとなったなどの説がある。

雀瓜

スズメウリ

雌花の下部には子房がある。

花期は8〜9月で、果実は1〜2cmくらい。

秋

Melothria japonica
ウリ科　一年草
分布：本州・四国・九州
生育地：林縁、垣根、フェンス

ウリ科のつる性植物で、果実がカラスウリより小さいのでスズメウリという名がついたといわれます。また果実がスズメの卵に似ているからという説もあり、スズメの卵には細かい斑があるものの、大きさや質感はよく似ています。果実は若いうちは緑色で熟すと灰白色になります。

葉が枯れ落ち、白く熟した果実。

さんぽメモ

背高泡立ち草

セイタカアワダチソウ

花期は10〜11月。

草丈は1.5〜2.5m。

別名：セイタカアキノキリンソウ
Solidago altissima
キク科　多年草
分布：日本全土
生育地：空き地、道端、
埋め立て地、休耕田

秋

茎は枝分かれせず、先端に花をつける。

北アメリカ原産の帰化植物で戦後一気に増えてあちこちに大群落を見かけます。近い仲間にアキノキリンソウがあって、その花穂が泡立ったように見えるところから泡立ち草（アワダチソウ）の別名があります。それに似て背が高いところからセイタカアワダチソウとなりました。

さんぽメモ

141

力芝

チカラシバ

花期は 8〜11月。

大きな株をつくる。

別名：ミチシバ
Pennisetum alopecuroides
イネ科　多年草
分布：日本全土
生育地：道端、空き地、草原

秋

花期は 8〜11月。花茎はまっすぐに立つ。

ボトルブラシのような大きめの穂が印象的なイネ科の多年草です。花茎や葉が非常に丈夫なうえ、地下にも力強く根を張っていて引き抜くことができないところから力強い芝草の意味でチカラシバとなりました。秋の夕方の斜光で見るチカラシバの穂の輝きはとても美しいものです。

さんぽメモ

縮み笹

チヂミザサ

林床や林縁に群落をつくることが多い。

花期は8〜10月。

別名：コチヂミザサ
Oplismenus undulatifolius
イネ科　一年草
分布：日本全土
生育地：林床、林縁、
　　　　やや日陰の道端

秋

横に這いながら節から根を出し、群生する。

林床や林縁に群生することが多い草丈15〜30cmほどのイネ科植物です。ササのような形の葉が縮んだように波打っているところからこの名がつきました。花期は8〜10月で、花の後、果実の芒(のぎ)から粘液を出しべたつくので秋に散歩すると、靴下やズボンの裾によくついてきます。

143

蔓豆

ツルマメ

花はダイズにそっくり。

豆果の莢は長さ2〜3cmで黄褐色の毛がある。

秋

別名：ノマメ
Glycine max subsp. *soja*
マメ科　一年草
分布：日本全土
生育地：野原、道端、フェンス

道端や野原に生えるつる性のマメ科植物で、ダイズの原種といわれています。確かにつる性で小ぶりではあるものの、果実の形や花はダイズそっくりで、ダイズの品種改良に使われてきました。つるにマメがなるところからツルマメとなりましたが、野にあるのでノマメの別名もあります。

花期は7〜9月。

さんぽメモ

木陰にも日向にも見られるが、やや湿った環境を好む。

花期は7〜9月。

盗人萩

ヌスビトハギ

別名：ドロボウハギ
Desmodium podocarpum
subsp. *oxyphyllum*
マメ科　多年草
分布：本州・四国・九州
生育地：林床、林縁

秋

花はとても小さいが、マメ科特有の形で美しい。

小さなマメの花の後にできる実は1〜2cmでふつう2節からなります。表面がベタベタしているため、秋の草むらに入るとよくこの実が衣服についてきます。この実がつかないように歩くと盗人（ヌスビト）のように忍び歩きになること、また実の形が盗人の足跡に似ていることが名前の由来です。

さんぽメモ

145

彼岸花

ヒガンバナ

秋

別名：マンジュシャゲ
Lycoris radiata
ヒガンバナ科　多年草・球根
分布：本州・四国・九州
生育地：畦道、土手

ふつう鱗茎が分球して増える。

毎年ちょうど秋の彼岸の頃に咲くので彼岸花（ヒガンバナ）、非常にわかりやすい名前です。夏と秋の狭間に畦や土手を真っ赤に染めて咲く花は、とても印象的なものです。花の時期に葉はなく、他の草が枯れる晩秋から早春まで細長い葉を密集させて冬の陽を独占する策士でもあります。

花茎は30cmにもなる。

146

鵯上戸

ヒヨドリジョウゴ

ナス科のつる性植物で、腺毛や長い軟毛が多いため漢方の生薬名は白毛藤(はくもうとう)です。晩夏に1cmほどの、深く5裂して反り返った、白または紫色の花を咲かせ、赤い実をつけます。名前のジョウゴ（上戸）には好むの意味があり、果実をヒヨドリが好むところからヒヨドリジョウゴとなりました。

まだ緑色の若い果実。

別名：ツヅラゴ
Solanum lyratum
ナス科　多年草
分布：日本全土
生育地：林縁、フェンス

全草にソラニンを含み有毒なので食べられない。

秋

白花が基本だが紫花もある。

さんぽメモ

147

雑草コラム ❻

ロゼットを見つけよう

ロゼットとはバラの花を意味しますが、
ここでは、地面に平たくバラの花のような形に
葉を広げている多年草などの越冬形のことをいいます。
晩秋から早春にかけてどこでも見かけます。

［メマツヨイグサ］

きれいな形の典型的なロゼットです。条件によっては、赤く紅葉することもあります。コマツヨイグサは葉に切れ込みがあります。

［ヒメジョオン］

一年草もしくは越年草ですが、夏〜秋に種子が発芽した場合、越年草となりロゼット状で冬を越します。

[ナズナ]
1月7日に七草粥に入れるナズナを探すと、ちょうどこんなロゼット状をしています。暖かいところでは中央に蕾ができています。

[セイヨウタンポポ]
ロゼットの状態でセイヨウタンポポと在来種のタンポポを見分けるのは困難です。同じ種類でも葉の切れ込み方はさまざまです。

水引

ミズヒキ

花期は9〜11月。

湿った半日陰に生育する。

別名：ミズヒキソウ
Polygonum filiforme
タデ科　多年草
分布：日本全土
生育地：林床、林縁

秋

林床や林縁のやや日陰になっているような環境を好みます。9〜11月に細長い花茎に沿って3mmほどの小さな淡紅色の花をまばらにつけ、続いて実る果実も同じくらいの大きさです。この果実が上から見ると赤くて下から見ると白いので、紅白を水引（ミズヒキ）に譬えたのが名前の由来です。

葉には紫褐色の模様が入ることが多い。

さんぽメモ

花の直径は4〜7mm。

花期は9〜10月。

溝蕎麦
ミゾソバ

葉は牛の顔のような面白い形をしている。

秋

別名：ウシノヒタイ
Polygonum thunbergii
タデ科　一年草
分布：日本全土
生育地：溝、小川の縁、休耕田

まさに読んで字の如し、溝蕎麦は溝（ミゾ）に生えるソバの仲間なのでミゾソバです。9〜10月頃、茎の先端に直径4〜7mmほどの白色〜淡紅色の花が20個くらい集まってつき、1〜2個ずつ順に開花します。この花が咲く頃になると鳴く虫の声も次第に増え、秋が一段と深まってきます。

さんぽメモ

矢筈草

ヤハズソウ

草丈10～40cmのマメ科の一年草で道端や空き地などでふつうに見られます。8～10月に葉のつけ根に5mmほどの紅紫色の花をつけます。葉は3小葉からなり、この葉先を引っ張ると側脈に沿って千切れ、その形が矢筈(弓の矢が弦を受ける部分)に似ているのが名の由来です。

別名：ハサミグサ
Kummerowia striata
マメ科　一年草
分布：日本全土
生育地：道端、空き地

秋

やや湿った場所に群落をつくることがある。

花は葉のつけ根につく。

茎には下向きの毛が生えている。

さんぽメモ

152

洋種山牛蒡

ヨウシュヤマゴボウ

花期は6〜8月。

熟すと黒紫色の有毒の実をつける。

秋

別名：アメリカヤマゴボウ
Phytolacca americana
ヤマゴボウ科　多年草
生育地：林縁、道端

西洋からきたヤマゴボウで、洋種（ヨウシュ）となりました。在来種のヤマゴボウの花穂が直立するのに対し、垂れ下がるのが特徴です。根がゴボウのようなのでついた名前で、漬物にするヤマゴボウはキク科のモリアザミの根で別種です。ヤマゴボウ科は有毒なので食べてはいけません。

草丈は高く、1.5〜2.5m。

さんぽメモ

153

嫁菜

ヨメナ

花は白または薄青色。

花期は8〜11月。

別名：ノギク
Aster yomena
キク科　多年草
分布：本州・四国・九州
生育地：溝、道端

秋

花色は白色〜淡青紫色で個体差がある。

さんぽメモ

秋の野山に咲くキクの仲間を総称して野菊（ノギク）と呼びますがヨメナもその一つです。静岡県あたりを境に西にヨメナ、東にカントウヨメナが自生しますが別種です。名の由来は、春の若芽が美味しいので嫁が好んで摘んだからとか、嫁のように優しい菜だからなどの説があります。

154

蓬 ヨモギ

茎の下部の葉は幅広く切れ込みがある。

秋

別名：モチグサ
Artemisia princeps
キク科　多年草
分布：本州・四国・九州
生育地：畦道、道端、土手

茎が伸びる前の若芽。

若葉は摘んで草餅に、葉裏の毛は集めてお灸のもぐさにと昔から様々な形で人の役に立ってきた草です。冬の間、銀白色の毛に覆われたロゼット状で過ごしたヨモギは春になると一斉に萌え立ちます。「よく萌える草」からヨモギとなったといいます。漢字は茎のある立ち草の意です。

さんぽメモ

あとがき

　道端に生える草の様子も、最近はひと昔前とは少し変わってきました。ナガミノヒナゲシやヒメツルソバなどは、私の子供の頃にはあまり見かけませんでした。それらは帰化植物です。海外から日本に入ってくる帰化植物は昔からあって、植物も時代ごとに変化して当然なのですが、最近はこれまでにない現象を見かけることが多く、ちょっと気にかかります。

　それは除草剤による不自然な枯れ野の風景です。除草剤で根こそぎ枯らしてしまうので、最近は畔道などの植生も変わってきた気がします。そこに棲む昆虫や微生物にも影響を与えているのではないでしょうか。

　雑草のある環境は、私たちの一番身近な自然環境であり生活環境です。足元の自然を見つめることは地球を見つめることにつながります。その意味でもこれまで名前を知らなかった足元の草にも目を向けてみてください。必ずや新しい発見や感動があるはずです。

雑草さんぽ手帖 索引

【ア】

アカツメクサ　赤詰草 ……………… 8
アカネ　茜 ………………………… 116
アキノウナギツカミ　秋の鰻攤み …… 117
アキノキリンソウ　秋の麒麟草 ……… 118
アキノノゲシ　秋の野芥子 ………… 119
アメリカフウロ　亜米利加風露 ……… 10
アレチハナガサ　荒地花笠 ………… 66
イシミカワ　石見川 ……………… 120
イタドリ　痛取り ………………… 122
イヌタデ　犬蓼 …………………… 123
イヌビユ　犬莧 …………………… 67
イヌホオズキ　犬酸漿 …………… 126
イノコヅチ　猪子槌 ……………… 121
ウマゴヤシ　馬肥し ……………… 12
ウマノアシガタ　馬の足形 ………… 11
エノキグサ　榎草 ………………… 127
エノコログサ　狗尾草 …………… 68
オオイヌノフグリ　大犬の陰嚢 ……… 13
オオオナモミ　大雄生揉 ………… 128
オオジシバリ　大地縛り ………… 23
オオバコ　大葉子 ………………… 72
オオマツヨイグサ　大待宵草 ……… 69
オヒシバ　雄日芝 ………………… 71
オランダガラシ　和蘭芥子 ………… 14

【カ】

カキドオシ　垣通し ……………… 15
カゼクサ　風草 …………………… 129
カタバミ　片喰み ………………… 16
カナムグラ　鉄葎 ………………… 130
カモジグサ　髢草 ………………… 73
カヤツリグサ　蚊帳吊草 ………… 74
カラスウリ　烏瓜 ………………… 131
カラスノエンドウ　烏の豌豆 ……… 17
カラスムギ　烏麦 ………………… 75
カラムシ　苧 ……………………… 133

キカラスウリ　黄烏瓜 …………… 132
キキョウソウ　桔梗草 …………… 76
キクイモ　菊芋 …………………… 134
ギシギシ　羊蹄 …………………… 77
キツネアザミ　狐薊 ……………… 19
キツネノボタン　狐の牡丹 ………… 20
キツネノマゴ　狐の孫 …………… 135
キンミズヒキ　金水引 …………… 78
クサノオウ　草の黄 ……………… 21
クズ　葛 …………………………… 136
グンバイナズナ　軍配撫菜 ………… 42
ゲンノショウコ　現の証拠 ………… 79
コヒルガオ　小昼顔 ……………… 97
コミカンソウ　小蜜柑草 …………… 137

【サ】

ザクロソウ　石榴草 ……………… 82
ジシバリ　地縛り ………………… 22
ジュズダマ　数珠玉 ……………… 138
ショカツサイ　諸葛菜 …………… 24
シロツメクサ　白詰草 …………… 9
スイバ　酸い葉 …………………… 25
スギナ　杉菜 ……………………… 26
ススキ　薄 ………………………… 139
スズメウリ　雀瓜 ………………… 140
スズメノエンドウ　雀の豌豆 ……… 18
スズメノテッポウ　雀の鉄砲 ……… 27
スベリヒユ　滑莧 ………………… 83
セイタカアワダチソウ　背高泡立ち草 141
セイヨウアブラナ　西洋油菜 ……… 28
セイヨウカラシナ　西洋芥子菜 …… 29
セイヨウタンポポ　西洋蒲公英 …… 30
セイヨウヒルガオ　西洋昼顔 ……… 98
セリ　芹 …………………………… 32

【タ】

タケニグサ　竹似草 ……………… 84
タツナミソウ　立浪草 …………… 85

158

タネツケバナ　種漬花……………33
タビラコ　田平子…………………36
チガヤ　茅萱………………………86
チカラシバ　力芝………………142
チヂミザサ　縮み笹……………143
ツメクサ　爪草……………………37
ツユクサ　露草……………………88
ツルマメ　蔓豆…………………144
トウダイグサ　灯台草……………39
トキワハゼ　常盤爆………………38
ドクダミ　毒溜……………………87

【ナ】

ナガミノヒナゲシ　長実の雛罌粟………40
ナズナ　撫菜………………………41
ナヨクサフジ　弱草藤……………43
ニガナ　苦菜………………………44
ニホンタンポポ　日本蒲公英……31
ニワゼキショウ　庭石菖…………89
ヌスビトハギ　盗人萩……………145
ネジバナ　捩花……………………90
ノアザミ　野薊……………………91
ノウルシ　野漆……………………45
ノビル　野蒜………………………46
ノボロギク　野襤褸菊……………47

【ハ】

ハキダメギク　掃溜菊……………92
ハコベ　繁縷………………………48
ハナウド　花独活…………………93
ハナニラ　花韮……………………49
ハハコグサ　母子草………………50
ハマダイコン　浜大根……………51
ハルジオン　春紫苑………………52
ハルシャギク　波斯菊……………94
ハルノノゲシ　春の野芥子………53
ヒガンバナ　彼岸花……………146
ヒメオドリコソウ　姫踊子草……56

ヒメジョオン　姫女菀……………57
ヒメツルソバ　姫蔓蕎麦…………95
ヒヨドリジョウゴ　鵯上戸……147
ヒルガオ　昼顔……………………96
ブタクサ　豚草……………………99
ブタナ　豚菜………………………58
ヘクソカズラ　屁糞葛…………102
ヘビイチゴ　蛇苺…………………59
ホソアオゲイトウ　細青鶏頭……103
ホトケノザ　仏の座………………60

【マ】

ママコノシリヌグイ　継子の尻拭い…104
ミズヒキ　水引…………………150
ミゾソバ　溝蕎麦………………151
ミソハギ　禊萩…………………106
ミツバツチグリ　三葉土栗………61
ミミナグサ　耳菜草………………62
ミヤコグサ　都草………………105
ムラサキケマン　紫華鬘…………63
ムラサキサギゴケ　紫鷺苔………64
メヒシバ　雌日芝………………107
メマツヨイグサ　雌待宵草………70

【ヤ】

ヤエムグラ　八重葎……………108
ヤハズソウ　矢筈草……………152
ヤブガラシ　藪枯らし…………109
ヤブカンゾウ　藪萱草…………110
ヤブジラミ　藪虱………………111
ヤマノイモ　山の芋……………112
ユウゲショウ　夕化粧…………113
ヨウシュヤマゴボウ　洋種山牛蒡…153
ヨメナ　嫁菜……………………154
ヨモギ　蓬………………………155

【ワ】

ワルナスビ　悪茄子……………114

159

ポケット版 雑草さんぽ手帖

発行日　2017年2月25日　初版第1刷発行

写真・文：亀田龍吉
発行者：竹間　勉
発行：株式会社世界文化社
〒102-8187 東京都千代田区九段北4-2-29
電話03-3262-5115（販売業務部）
印刷・製本：図書印刷株式会社

Ⓒ Ryukichi Kameda, 2017. Printed in Japan
ISBN978-4-418-17209-2
無断転載・複写を禁じます。定価はカバーに表示してあります。
落丁・乱丁のある場合はお取り替えいたします。

デザイン：新井達久（新井デザイン事務所）
校正：株式会社円水社
編集：株式会社世界文化クリエイティブ・飯田　猛

※内容に関するお問い合わせは、
株式会社世界文化クリエイティブ℡03（3262）6810
までお願いいたします。